产品设计工程基础

敖 进 ◎ 编著

西南大学出版社

SWUP 国家一级出版社 全国百佳图书出版单位

图书在版编目（CIP）数据

产品设计工程基础／敖进编著 . — 重庆：西南大
学出版社，2022.8（2024.8 重印）
ISBN 978-7-5697-1554-5

Ⅰ.①产… Ⅱ.①敖… Ⅲ.①工业产品－产品设计
Ⅳ.① TB472

中国版本图书馆 CIP 数据核字 (2022) 第 109246 号

普通高等学校工业设计 & 产品设计"十四五"规划教材

产品设计工程基础
CHANPIN SHEJI GONGCHENG JICHU
敖进 编著

选题策划：袁　理
责任编辑：袁　理　杜珍辉
责任校对：刘欣鑫
装帧设计：穆旭龙
排　　版：张　艳

出版发行：西南大学出版社（原西南师范大学出版社）
地　　址：重庆市北碚区天生路 2 号
本社网址：http：//www.xdcbs.com
网上书店：https：//xnsfdxcbs.tmall.com

印　　刷：重庆恒昌印务有限公司
成品尺寸：210mm×285mm
印　　张：12.5
字　　数：453 千字
版　　次：2022 年 8 月第 1 版
印　　次：2024 年 8 月第 2 次印刷
书　　号：ISBN 978-7-5697-1554-5
定　　价：68.00 元

本书如有印装质量问题，请与我社市场营销部联系更换。
市场营销部电话：(023)68868624　68253705

西南大学出版社美术分社欢迎赐稿。
美术分社电话：(023)68254657　68254107

前言
FOREWORD

设计学是建立在海量知识下的应用学科，其中又以工业设计为代表。可以说合格的工业设计师应当就是一个非常"功利"、非常"取巧"的职业，他可以不是爱因斯坦，也可以不是爱迪生，他奉行拿来主义，奉行站在巨人的肩膀上观察世界的这个原则。他可以不亲自搞科研，可以不亲力亲为去计算和求证，却能够拿出让人都喜爱的设计成果。爱因斯坦曾说过想象力比知识更重要，我们现在都奉为经典，却忘却了爱因斯坦正是站在时代知识体系的前沿，才能够这么豪气地提出这样的论调。离开了前人的努力，离开了合理的知识架构，我们没法做哪怕是最简单的设计和设计改良工作，更不用整天提"创新"二字。

同时，设计又进入到一个大时代，设计教育甚至算得上是基础职业教育的内容之一，似乎到了人人都在提"大数据""人工智能"这些晦涩难懂术语的时代，"设计"似乎也变得唾手可得。然而事实上真的如此吗？我们这里提到的设计是建立在严格教育之下形成的完善的职业技能，并不是简单地"激发"一下，"孵化"一下就能够掌握的。

工程技术实质上就是这样一类学科，它以建立解决问题的知识体系为目的，让各种科学知识和前人的生产技巧在实际应用中发挥作用，因此它是严谨的，同时也是跨学科的。此外，这大量的知识或者信息并不是枯燥的，在现代设计手法的提炼和压榨下可以激发出很多的设计灵感，可以派生出许多解决实际问题的方法，可以让我们苍白的想法变得丰满，也可以让我们天马行空的想法变得脚踏实地。

本教材除了系统、严谨地归纳了有关设计实现的诸多工程知识，以期让学生形成完整的工程技术知识体系以外，还将教学和科研过程中的许多优秀案例，特别是工程技术应用和创新方面的优秀作品进行了发表与讲解，让人能够实实在在看到工程技术应用到位的魅力所在。因此，可以说本教材是设计类专业的基础课程教材之一，也可以说是设计学相关的工程知识的一个库藏，它除了能够让学生建立完整的工程技术知识体系，还能够解决学生的实际设计痛点，同时还能够拓展源自工程技术的设计思维，让工程和设计不再脱钩，让技术和艺术同时呈现。

当前时代之下，工业设计又分化为工科方向的工业设计专业以及艺术设计方向的产品设计专业，然而究其本质二者都未曾完全分离。从文理分科的情形来看，对设计的学习是需要做出区别对待的，严格来讲本教材并没有针对工业设计专业还是产品设计专业进行调整，大量高质量的图片和表格让工程技术显得并不是那么枯燥；同时也有一些简单的计算，也能够体现工程技术的严谨；练习与实践部分往往是以动手绘图和制作模型为主，打破了工科专业学生的课程设计内容往往是一个枯燥的减速器这样的情形。我们的课程内容能够让所学的知识在第一时间得到强化和应用，试错、容错才能进步，尝试总胜过止步不前，因此这也是体现本专业"功利"的一面吧。

本书作为设计学基于工程技术的跨学科教材，注重的是启发性和代表性。若热衷于设计事业，致力于成为优秀的设计师，有必要更进一步对工程的知识作一个全面的探索。本书并没有罗列相关的工程技术标准、国家标准、材料性能等技术信息，然而在设计过程中肯定要涉及此类信息的检索。在设计实践中涉及的理论可以以应用为目标进行相关技术的检索和学习，根据具体情况完成知识的吸收。

非常感谢四川美术学院的相关师生提供了大量的、优秀的原创设计作品以供成书，特别感谢蒋锐和洪思思同学为本书手绘了大量漂亮的原理图。我也是一个期望爬上巨人肩膀上看世界的家伙，因此在这里和广大同学共勉，大家一起努力，共同进入一个设计的大时代、新时代。

编者

目录

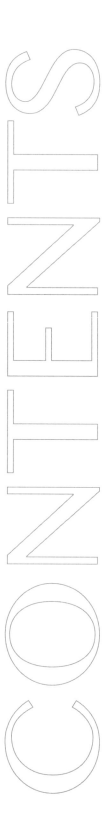

8

第 8 章 包装结构及收纳结构设计研究

9

第 9 章 先进能源概述

10

第 10 章 电子电路工艺与电子产品

11

第 11 章 电子产品技术基础

12

第 12 章 自动化产品和智能硬件

13

第 13 章 工艺装备认知

14

第 14 章 标准化和成组技术

1

第 1 章
绪 论

　　"工程"是将自然科学原理应用到工农业生产部门中去而形成各学科的总称。因此，"工程"是科学的某种应用，通过这一应用，使自然界的物质和能源的特性能够通过各种结构、机器、产品、系统和过程，以最短的时间和高效的人力做出高效、可靠且对人类有用的东西。

　　"设计"是把一种计划、规划、设想通过视觉的形式传达出来的活动过程。人类通过劳动改造世界，创造文明，创造物质财富和精神财富，而最基础、最主要的创造活动是造物。设计便是造物活动进行预先的计划，可以把任何造物活动的计划技术和计划过程理解为设计。工程和设计的详细对比见图1-1。

　　工业设计是设计的一个分支，也是一个边缘学科、交叉学科、特殊的学科。工业设计既不是纯艺术，也不应当是纯技术。在工业设计整个活动当中，工程技术相对于其他设计活动而言非常重要，直接决定着工业设计最终的成果是否合格、是否成功。因此可以说工程技术是一道桥梁，要实施工业设计，完成产品设计，输出设计成果，必须通过这道桥梁。若设计师有能力借助该桥梁，则天堑总能够变通途，必然王国终能去到自由王国。

　　设计工程学是工程学在设计实践中的应用，带有工程学的技术背景，同时带有设计学"学以致用"的目的，也可以说是"用工程的方法去解决设计问题"。它具体研究的内容见图1-2。

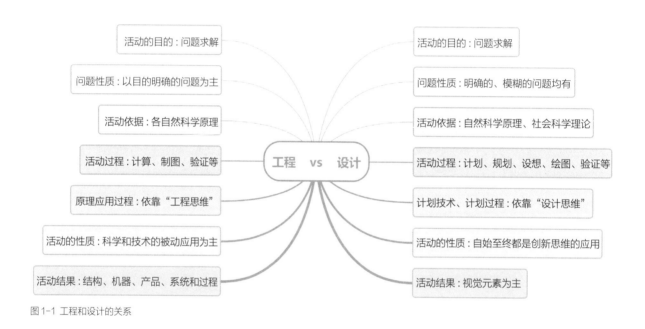

图1-1 工程和设计的关系

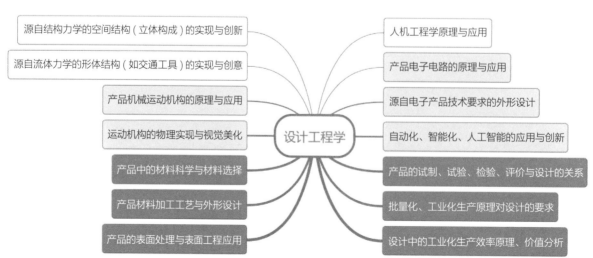

图1-2 设计工程学研究的内容

1.1 霓裳还是枷锁

　　工业的发展和人类对物质生活的需求带来工程技术的发展，反过来，工程技术的发展同样会促进工业的发展。工程技术的发展并没有使得美脱离生活，也没有创造一种全机器氛围的社会，在人们的努力下，工业社会必然更加美好（图1-3）。然而在19世纪的时候，莫里斯却认为大工业使得艺术脱离生活，也是产生丑恶的原因。事实证明工业和工程技术并不是丑恶的源泉和资本家的剥削工具，在设计师的手下，大工业带来的是特定的艺术，一种使得技术和科学更加大众化和日常化的艺术，一种技术的艺术。

图1-3 V-Rod 摩托车
图为美国 Harley Davidson 公司副主席 Willie G. Davidson 为本公司设计的一款产品，其外观、结构、性能高度统一，工程技术和艺术高度统一，真正做到了外观对性能的"所见即所得"。其强悍的外观并没有让冷冷的机器拒人于千里，而是让用户感觉到了机器的柔美与智慧的一面。本设计的外观完全基于结构和功能，设计师本人如果不具备深厚的工程素养是没法完成此设计的。

　　有人说设计是戴着枷锁在跳舞，这枷锁是设计师需要去面对的各种限制条件，它们就包括了市场、设计营销、设计师的"自我"实现和工程技术。市场这一枷锁是明显的，市场的核心是用户，然而世上没有普遍适用的用户需求，没有全球通用的美学公式，也没有脱离文化背景和民族的设计。就算是同一个国家的不同市场，要想找寻没有差异化的设计也是办不到的。所以，要搞设计，必然要看受众，看市场。而设计营销常被人所忽略，一些设计师期盼着酒香不怕巷子深、真金哪里都会发光的"大同"时期的到来，但这几乎是不可能的。把自己和自己的设计放在一个被动的地位，不会营销自己和自己的设计是不可取的。"营销"已经超出了金融的范畴，在这里，设计师或一个设计团队，要会营销自己，营销自己的设计。设计师的"自我"一旦成为枷锁，超越起来就很不容易。比如定式思维，又如居功自傲，这些都会成为掣肘。在设计上创造一种"风格"，其实也是一种定式，企图让百变的用户来适应自己，而不是让自己去适应百变的用户。

　　只有工程技术这一枷锁让人困惑又有点让人着迷，从多年的设计经历和教学实践来看，理想的工业设计师的知识体系大概是这样的，有工程相关专业的知识，然后有设计相关的设计思维、方法、表现技法等的专业知识，加上自己长期以来关注设计而积累起来的美学素养和洞察力，才是比较完善的知识体系（图1-4）。

图1-4 Dyson 旋风分离吸尘器
　　"让我们的生活得到真正的进步，你不仅需要成为设计师，还需要成为一个工程师。"这是英国设计师 James Dyson 从成功中领悟到的。图为 Dyson 的一款旋风分离吸尘器，其产品本身便是一个工程技术的产物，除了有机、合理的结构，没有更多的修饰。在这里，"技术"是可以被看到的，其稳健的工程语言给人们传达了强烈的品质信心，艺术和工程的结合发挥了巨大的威力。

　　当然这里需要提出，并不是所有的设计师都愿意并致力于去掌握大量的工程知识，长期以来工程知识的缺乏并不明显影响他们的工作。一方面某行业的设计师所接触到的设计类型比较单一而成熟，另一方面，由于历史原因和认知局限，很多企业其实并不需要一个完全意义上的"设计师"。在很多情况下，企业里面"美工"这一角色会多于"设计师"角色。在绝大多数时间里，美工们做的工作仅仅是给产品"添加一件外衣，做双鞋"而已，既没有人因工程，没有用户研究，也没有安全、易用、检修等各方面的考虑。这种情况下，形态和功能的脱节，形式大于功能就成为必然。过分修饰化，为了装饰而装饰成了丑的代表元素，可恶可憎，也着实让人为之扼腕。在某些设计中，美工们无法把自己的理念通过工程语言表达出来，也无法有效和工程技术人员进行交流，提交的设计成果无非只是一套"创意"，最后的命运是被改得面目全非，令人叹息。

1.2 设计话语权

在设计和研发过程中，工程师使用得最多、最常见的一句搪塞的话是："你这个东西做不出来！"

那让我们分析一下，究竟是怎样的情形让我们引以为傲的"创意"在不经意间被视为粪土。

第一种可能，是你的"创意"真正出了问题，在原理层面就有问题，比如"永动机"，又如结构空间干涉，内部空间不足，机构无法实现，等等。这就要求设计师首先要具备全面的知识体系，或者至少需要知道怎样去找出问题并有办法解决类似的问题。在设计中遇到的各种科学技术、工程知识其实就是设计中的限制条件，是枷锁，然而它却会引导着我们走向正确的设计方向。曾有位设计师提出了一个大胆的创想，说他如果设计一辆电动汽车，车上有两套电源系统，有一个发电机和一个电动机。平时车辆开动的时候电动机工作，车辆在行驶过程中通过传动系统和发电机向另外一套电源系统充电，当第一套电源耗尽后，第二套电源又被充满了，如此循环往复、周而复始，岂不乐哉。如果实现了这一"永动机"，人类就真的无须再使用污染大且不可再生的石油资源了。无意冒犯且否定这位设计师，可喜的是他已经从给产品穿外衣的工作中脱离了出来并开始思考，不过悲的是他掌握的基础科学知识是如此贫乏，在设计实践中难以给出合理的想法和解决手段。

那么第二种"做不出来"的可能是生产成本问题。

现今科技如此发达，想不到的情形只怕会多于做不到的情形。比如汽车在地上跑，经常堵车，能不能去天上飞，人家在地上堵着我在飞，多么美好的画面。这个技术上是可行的，加个飞机引擎，加对可折叠翅膀，投入若干研发资金，就目前看来已经有多款产品上市了。可是东西是做出来了，成本却那么高，有市场吗？谁来投入，谁来购买？这可能需要交给时间去检验。所以在设计中遇到的相当多的问题完全可以转化为生产成本问题，在研发中自己那么炫目、那么"酷"的设计作品怎么就被否定了，而别人很多中庸平和的设计反而成了胜者，这的确值得思考。产品最终要成为商品，要创造利润，就一定要顾及成本，而很多时候对于成本的估算或者是精确的核算都需要掌握大量的工程知识，比如选材和成型工艺，实施成本核算的这个过程可以叫作"价值工程"（图 1-5）。影视中超级间谍 007 的那些专业装备，几乎无所不能，穷尽了编剧的想象，除少数几样违反技术原理以外，其他的基本都能够实现。不过设计师们一定要记住一点，007 的事业是不计成本的，他的装备同样也是。

图 1-5 Saltiga 钓鱼线轴
"完美的有力"是此产品基本的设计理念。在这个产品中，机构、材料和表面处理做到了完美，能给人以强烈的可靠感。精工、精巧、可靠的感觉来自合理的技术架构和人机工程学，脱离了对工程结构的设计，也便脱离了产品的基本审美情趣(这毕竟是个机器产品)。在这里，设计概念和工程细节合二为一，互相包容，互为表达。

第三种"做不出来"的情况就是技术壁垒的存在。

设计师的些许灵感，有闪现的，也有被启发的。很多时候从网络、杂志上看到优秀的设计作品，其设计思想拿过来，我们却实施不了。不为其他，只因为所在的企业没有此种工艺，甚至放眼全国也找不到一个有此技术的企业能为之生产配套。很明显，别人有技术，有商业机密，有专利，而你用不到，这就是壁垒。在这里，科学技术是生产力不仅仅是个口号。大家熟知的半导体芯片行业目前就是这么一个情况，本质上我们是没有生产能力的。

第四种情况就是沟通的不足。

在研发设计团队中，工程师多半是"只见树木，不见森林"，对技术细节如数家珍，解决一个技术细节往往耗费数日甚至数周的时间，大量的细节工作使得他们往往把握不住产品的全局，也无法与设计师就全局问题进行有效沟通。不排除工程师具有一定思维定式，存在不愿意冒风险使用新的生产工艺和方法的情况。相反，设计师却是"只见森林不谙树木"，明明看见一个好的创想就在眼前，却怎么也说服不了工程师去实现自己的设计。这种情况下，不应当企望工程师主动来和自己沟通，因为从产品开发的流程上来看，工程师工作的内容往往是处于设计师的下线，处于一种被沟通和被说服的地位。

设计师和工程师之间的交流其实是一个争夺话语权的过程。这也是外观和结构孰轻孰重的问题。

曾经有一个摩托车生产企业，只能生产制造排量 100 mL 卧缸发动机的摩托车产品，但是市场上却认可 125 mL 的立缸发动机的摩托车，怎么办呢？该企业做了一个塑料的 125 mL 的立缸发动机缸体的壳，把它套在 100 mL 卧缸发动机上面进行"伪装"，没啥功能却只是个累赘，因为影响散热。不过这个摩托车产品因其有 125 mL 的个头，100 mL 的价格，居然卖得还不错。这也许是外观方面畸形的话语权适应了不成熟市场的一个例子吧。

然而设计生活中绝大多数时间都是工程师主导话语权，这是一个不争的事实。好些设计师有的看不懂工程图纸，不知道工艺，不懂工业生产，一切的一切，造成和工程师无法沟通，更谈不上去说服和"指挥"工程师。只要工程师一句话，说做不出来，设计师又得推倒重来，重新"创意"，重新绘图。最后东西好不容易出来了，上市了，没有哪个设计师敢拍胸脯说是自己的"作品"。这样看来，争夺话语权的过程其实就是争夺知识和信息的过程。还是那句话，没有哪个设计师愿意无选择地掌握一大堆的工程知识，却干着工程师以外的事情。这个矛盾的解决还是要回到工程师和设计师的分工——设计师虽然要看到整个森林，但是眼光应更加深邃些，不仅要看到整个森林，还要看到森林中的树木，甚至看到树干上的苔藓。

知道了以上的几种"做不出来"，把握你的话语权，相信今后的设计过程中我们会更加成熟（图1-6）。

图1-6 Bridge City 手工刨
该产品以良好的人机关系为基础，结合了木工工具在冲击载荷下保持刚性的需求，以金属铸造和数控铣为加工手段制作，最终以完美的电镀处理达到了设计需求。这也是一个工程和设计完美结合的案例。

1.3 工程构建和谐

工程技术给设计带来和谐（图1-7）。

某企业有一位资深设计师，其主刀的产品数量林林总总已卖到几十万个。然而在某受力铸件的设计中，其装饰孔在材料薄弱处存在很锐的尖角。设计师没有采纳其他设计师的意见，最终产品被生产了出来。可以预见的是最终该设计没有经得住检验，在应力集中的影响下，这个铸件有很高的破损率，已经影响到了产品的使用安全。一副十余万元的模具报废，上万个产品召回，损失巨大。

谈到这里，应该认识到审美的局限性和相对性。工程师铁定会以尖锐的结构为丑，认为其面目可憎，因为它会带来危险，带来缺陷（铸造等工艺的原因），带来应力集中。而"美工"认为造型只是一种图形罢了，方的圆的，无非一种符号和心情而已。二者的审美取向不会完全一致，甚至会南辕北辙。要做一个好的作品，设计过程中应当构建一种和谐，有所取舍，不要因结构而牺牲了审美，也不要因审美而伤害了结构。

不仅如此，结构和外观绝对是相辅相成的，设计的过程要兼顾所有的相关因素和设计输入条件。知己知彼百战不殆，有所观察和顾忌，便会多一分成功的可能。

实际设计当中有这样一个例子，某设计师的作品需要用注塑模具生产，但工程师说拔模角度有问题，常规模具无法脱模，因此最好重新设计，而此例中设计师是强势，在他的努力下工作向前推进。工程师无奈只得将模具加上滑块机构，解决了拔模角度的问题，似乎问题得到了解决。然而让设计师没有想到的是，产品在生产出来之后，在外形面上出现了非常明显的合模线，影响了整个产品的外观品质。这便是设计师为了做一个"完美"的产品而让工程师屈服，最终却留下遗憾的例子。

外观是服从于结构的，形式是服从于功能的，在这里我们不讨论"功能主义"与"现代主义"，仅仅是基于产品的工程实现来看待这类问题。外观造型基于内部结构，内部

图1-7 Abiocor 公司生产的人造心脏
人造心脏作为一个功能和性能要求非常高的产品，其设计理念更偏重实用价值。然而外观造型基于内部结构，内部结构也映射外观造型细节，因而其结构精密、严整，使得其外观自然而然地细腻平和，没有工程和外观的审美冲突，其本身就是一个和谐的产物。没有一个人愿意放一个突兀、凶悍的金属机器到自己的胸膛中去。

图1-8 Tolix Chair
早在1930年代就上市的椅子到今天已经非常普及甚至是"流行"，同时出现了众多的"复刻版"。它以廉价的咖啡馆的形象定义，在各种咖啡馆和小酒馆中得以生存，以今天的目光来看其设计并未落后，反而越来越"酷"，因为铁皮材质的它充满了厚重的蒸汽朋克的感觉。Tolix Chair 以非常廉价冷轧钢板为原材料，通过拉深、压筋和卷边等一系列冲压工艺的过程，然后仅仅用几颗铆钉便完成了整个椅子的装配，使得其造价非常低廉，使用保养也可以非常随意，然而其整个构架的强度却毫不"妥协"。

结构反馈外观造型。所以并不能把结构和功能全部交由工程师去思考。设计师要做的，要么是和工程师交流、互动，要么就是替工程师思考，防患未然。毕竟在工作流程上应当是设计师"指导"工程师（图1-8）。传说贝聿铭设计香港中银大厦的时候，仅仅是用筷子搭出了其大致形状，其余的结构都交给结构工程师去计算、校核、选型，等等。一方面说明设计大师的强势所在，

另一方面说明大师确实已经思考过了，替工程师考虑了美学和工程结合的事，如是而已。中银大厦矗立了那么久，像标杆一样，很说明问题。

1.4 理性的光芒

当然，工程技术在工业设计中不仅仅是当作一个一个的知识点来用，兵来将挡、水来土掩似的，查字典似的，解数学方程式似的。如果设计师不熟悉现有的工程技术也不了解未来的科技发展，那么他的创作能力和潜力是会受到限制的。然而工程技术在设计当中的功用不应当太僵化，设计师要培养自己的工程感悟和理性推理能力，要积累经验，开阔视野。不过对于设计专业来讲，动手能力最终要代替计算能力，这也算是学习工程技术的"捷径"。最终，对于评判对与不对、美与不美不需要查工程手册，也不需要翻找国标，而要真正做到心中有数。

学习工程的重要性还在于培养理性的思维方式，培养工程的思维方式，培养逻辑推理能力和解决问题的能力。设计师不能每天沉浸于色彩、构成、形态、表达，注重个性鲜明和与众不同，当面对实际问题时，却不知道从哪里着手，提不出有效的问题，更没有解答。如果设计仅仅是表现自己和宣泄情绪的方式，没有理性蕴于当中，那么这不是一个好的设计。

设计的实现，说得浪漫一点儿可以是灵光一现，实在没有灵感还可以用头脑风暴；说得严肃一点儿是创造性思维的应用；而说得痛苦一点儿其实是发现问题和解决问题的过程。所以，站在工程的角度，不应该对设计过多使用"创意"二字，这个词对于设计来说太过轻浮，说得产品设计像是一拍脑门就出来了，像某个五秒电视广告和"金点子"。没有理性思维，没有逻辑推理，不和定式思维和常规手法较劲，是没法"设计"的。设计便是设计，不是创意。和工程师相比，设计师的思维应当更活跃，更天马行空，在解决问题的过程中用更多的方法去思考、去沉淀，要把产品看成是一个个的齿轮和螺丝钉，却又能把它们看回产品本身。

谈到理性思维，不得不提设计师的地位问题。把这二者放在一起，是不是显得太牵强了？

若要穷究起来，做设计师真的很辛苦，学习的时候要文理兼修，理论和实际并重；用的时候要艺术和工程齐抓，个性和中庸具备。而实际的情况并不是十分理想，设计师们在拿出设计稿的时候，无非是一堆效果图，一旦有人问到为什么要这样设计，多半习惯性地这样回答："你不觉得它很酷吗？"或者是："我的感觉还不错。"似乎一切尽在不言中，至于要怎么生产、工艺如何、成本几何、市场在哪里，便是一问三不知。长此下去，评审的人多半也没有太多的问题要问，最终的话语权便自然转到工程师那里去了，他们替你思考，替你提炼去了。所以，设计师一开始就应该出具整个设计的脉络，有破有立，有承前有启后，整理出思维过程，穷究出可能出现的漏洞并提出解决办法，让自己的设计无懈可击，用事实和数据去堵住别人的嘴，胜于任何巧舌如簧。

设计走到现在，已经有些模糊了边界，因为设计本身就是相通的。其相通就在于，设计是一个理性思考的过程，是一个解决问题的过程（图1-9）。何况涉足越广，眼界越宽，思考越缜密，做设计也便越得心应手。

图1-9 "Uncle Jo" chair
这把 Philippe Starck 设计的以聚碳酸酯为原材料的扶手椅，充分利用了聚碳酸酯材料的高强度、高光泽、易着色等性能，并对其注射成型工艺性和形态进行了研究，最终以完美的曲线、合理的分型线和合理的拔模角度完成了单模最大的聚碳酸酯椅子之一。

1.5 工业设计工程知识体系

在设计的过程中，设计师将自己的"作品"转化为用户手里的"用品"，中间其实还有两个过程，就是如何把设计的"作品"转化为销售的"商品"，然后如何把"商品"交到用户手里变成"用品"（图1-10）。

由商品转化为用品的这个过程我们一般理解为用户的购买行为，是在用户研究的范畴需要去解决的问题；由产品转化为商品，则是生产厂家向销售商，以及销售商进行的一系列营销活动；而由作品转化为产品，则是我们讲到的工程学的研究范围，也是我们本书需要解决的主要问题、核心问题。

设计师在设计作品的时候，其实已经开始对作品后面的事情进行考虑。比如用户对手里的用品，向设计师提出了人机工程、安全性、便携性、易储藏性、易回收性以及耗材费用等各方面的诉求。这些诉求反过来告诉设计师作品应该考虑这些因素，但是这些因素却不是必须都要满足的，可以根据用户研究来进行筛选。而橱窗里的商品，货架上的商品以及网店中的商品，对设计师而言，需要考虑购买行为的发生，那么对商品提出了诸如包装、品质、价格、文化、审美、色彩等诸多需求。这些需求同样可能不用完全实现，会根据市场的具体要求进行调整。而回到产品阶段，要把设计的作品转化为合格的产品，则对设计本身能够实现的诸如结构、空间、功能、材料、生产工艺、生产成本等都提出了严格的要求，其中一项达不到要求，则整个设计可能会完全推翻，从本质上就不成立。

因此，从设计过程来看，工程学的严肃性和重要性就非常明显，在整个过程中扮演了一个很严格的角色。

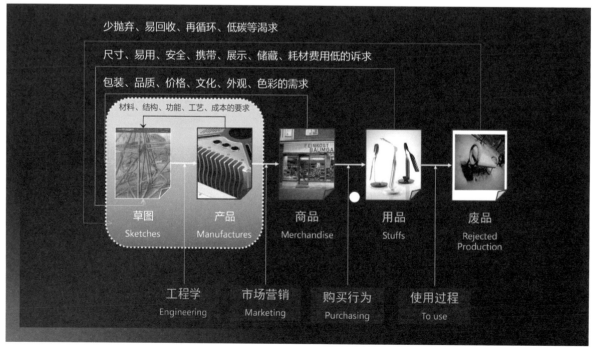

图1-10 工业设计工程学的研究内容

2

第 2 章

工 程 力 学 认 知

力学对设计的作用体现在对技术原理的"支撑"作用。如果说艺术左右着设计的审美走向，使得设计有好和坏之分，那么力学则肩负着设计的科学基础，设计作品在力学的评判下才会有正确与错误之分。好和不好总是相对的，有时候可以妥协；而正确和错误之间的对比关系则是鲜明的，没有什么是可以放任的。

《力学学科发展研究报告》（2007）中对力学的解释为："力学是一门应用性很强的基础科学，是研究力与运动规律的学科。力学建立在牛顿力学和经典力学的基础上，主要涉及宏观运动，目前已扩展至微纳观层次。"力学对研究对象并不做严格的界定，没有明确的工程背景，工程领域中只要涉及力与运动的问题都属于力学问题。

2.1 力学与设计

○ 2.1.1 工程中力学问题的研究内容

力与平衡问题。即静力学问题，是研究平衡状态下各力之间应满足的关系。如起重机、塔吊的设计完全依赖于力学的平衡原理，如果不能保证平衡，起重机将不能工作，塔吊则可能发生侧翻，造成工程事故。

物体运动问题。即运动学问题，是研究物体运动中的指标量，如位移、速度、加速度等，只关注如何利用数学去描述物体的运动特征。我们熟知的伽利略斜面运动、比萨斜塔两球落体实验等都是在进行物体的运动描述。

物体受力下的运动问题。即动力学问题，是研究力、对象、运动特征三者之间的关系。如飞机的起飞重量与推动力之间的关系，这一类问题将力和运动联系在一起，通过力可以预测或设计物体特定的运动，也可以通过运动特征求出物体所受的力。

破坏问题。即工程中的强度问题。这一问题与前三类问题相比，较显著的区别在受力与材料或结构的相关性。研究材料的受力，当受力达到临界值时，材料或结构会发生破坏，如桥梁在超载大货车的作用下被压垮。

变形问题。即工程中的刚度问题，研究对象在一定载荷作用下发生的形状改变。在有些情况下，即便结构没有破坏，但是如果变形过大，构件仍不能正常工作。如在车床加工过程中，如果工件在车刀作用下发生较大变形，那么加工出来的零件尺寸会跟设计尺寸出现较大的偏差，因此不能满足加工精度的要求。此外，在齿轮啮合中，如果齿轮受力后变形过大，将会造成不均匀磨损。在建筑、桥梁中更是不允许大的形变，除了让使用者产生恐慌以外，还容易诱发共振等导致破坏。

稳定性问题。稳定性是指工程结构在各种情形下保持原有平衡形态的能力。细长杆在受压力作用时容易弯曲失稳，这个现象是工程中典型的失稳问题。

○ 2.1.2 设计对象的力学要求

在设计中，力学是工程结构设计和工程材料应用的起点，同时对构件本身也提出了力学的要求，具体要求为以下几点：

强度要求。强度是指材料本身或构件抵抗破坏的能力，而任何构件都不允许在正常工作的情况下被破坏，这就对构件的强度提出了要求。

刚度要求。刚度是指材料本身或构件抵抗变形的能力。对某结构来讲，只满足强度要求是不行的，如果变形过大，也会影响其正常使用。

稳定性要求。前面提到的失稳现象就是稳定性不够的表现之一，失稳在工程中即被认为失效，失去了使用功能，这基本上是要严格杜绝的。比如在某些由压杆组成的大型网壳、钢结构中，一旦发生局部压杆失稳，由于整个结构自身重量的作用，导致结构受力分布情况被改变，就有可能发生连锁性的失稳并导致坍塌事故。

2.2 工程力学

力学的理论丰富而成熟，分支众多。我们首先来看一下各种力学的分类和研究内容。

我们按所研究的对象将力学区分为固体力学、流体力学和一般力学三个分支。

固体力学和流体力学可统称为连续介质力学。固体力学包括材料力学、结构力学、弹性力学、塑性力学、复合材料力学以及断裂力学等。固体力学和流体力学从力学分出后，余下部分组成一般力学。

一般力学通常是指以质点、质点系、刚体、刚体系为研究对象的力学，有时还把抽象的动力学系统也作为研究对象。

○ 2.2.1 工业设计中的工程力学

工程力学与传统的力学研究内容有交叉也有发展，它涉及众多的力学学科分支与广泛的工程技术领域，是与工程技术联系极为密切的技术基础学科，也是解决工程实际问题的重要基础，通常包括土力学、岩石力学、爆炸力学、工业空气动力学、环境空气动力学等。

在这里我们讨论的工程力学主要内容有理论力学、材料力学、结构力学、实验力学等几个分支。新兴的力学分支如计算力学在工程力学中也有所涉及。

○ 2.2.2 理论力学

力学研究有三个基本要素，即力、研究对象（结构或材料），以及力作用在结构或材料上的响应（过程或结果）。

当力学不考虑研究对象内部变形时，即形成理论力学，分别讨论：力与平衡（静力学）、运动描述（运动学）、力和运动的关系（动力学）三类问题。力与平衡主要涉及的概念有力、力系、重心等，研究作用于物体上力系的简化理论及力系平衡条件；运动描述主要涉及的概念有位移、速度和加速度，以及它们的合成与分解，从几何角度研究物体机械运动特性而不涉及物体的受力；动力学则研究物体机械运动与受力的关系，力和运动之间的关系主要就是牛顿第二定律。

理论力学是工程力学的理论基础。理论力学是大部分工程技术科学的基础，也称经典力学，其理论基础是牛顿运动定律。

○ 2.2.3 材料力学

当力学考虑研究对象内部变形时，则形成材料力学，主要研究结构或材料内部在受外部影响因素作用下的变形、受力特征，从而解决工程中的强度、刚度、稳定性问题。

材料力学是工程构件的力学分析与计算，这些分析与计算是工程师选定既安全而又最经济的构件材料和尺寸的必要基础。在机械、建筑等设计中，经过合理的计算与应用，可以在相同的强度下使材料用量减少，优化机构设计，以达到降低成本、减轻重量等目的。

○ 2.2.4 结构力学

结构力学研究材料、构件的组织形式展现的力学性能。结构力学相对于理论力学和材料力学，更偏重对力学系统的分析和应用。对设计师而言，是理解并找到一种合理的组织构造方式，以搭建合理的力学构造。

2.3 理论力学认知与应用基础

○ 2.3.1 力的分类与认知

我们认识理论力学，可以先将力进行分类，从现象和结论来启发应用。力可以分为静力、交变力、冲击力和爆炸力等几种。

图 2-1 静力
选择合理的参照系，万有引力、磁力等都可以看作是静力，静力的
现象可以在设计中简单加以利用。

图 2-2 交变力
行驶在"搓板路"上的汽车，其轮胎传递到车身构架上的力就是一种交变力。

静力：在工程实践中，可以先根据平衡条件求出未知的约束力，然后再进行强度和刚度分析，这就是静力学的
一种应用（图 2-1）。

交变力：交变力就是按照一定规律波动变化的作用力，交变力给材料与构件施加交变载荷，交变载荷给材料与
构件带来交变应力。这种长时间作用的交变力会给材料与构件带来疲劳断裂的潜在危险，会在不知不觉中破坏材料
与构件，很多时候会带来"除了喇叭不响，哪里都在响"的破坏效果（图 2-2）。

冲击力：一般冲击力的存在是有害的，需要过滤或去除掉，如汽车的减震弹簧就是用于吸收冲击力的（图 2-3）。

爆炸力：爆炸力学研究的是高功率密度的能量转化过程，大量能量通过高速的波动来传递，历时极短且强度极
大。爆炸瞬变过程的研究则推动了各种快速采样的实验技术，其中包括高速摄影、脉冲 X 射线照相、瞬态波形记
录和数据处理技术的发展。爆炸力是一种极端的存在，在设计中几乎不能直接应用（图 2-4）。

○ 2.3.2 理论力学在产品设计中的应用

一、受力方式的分析

以杠杆原理为例，省力杠杆动力点一定比重力点距离支点近，所以永远是省力的。利用省力杠杆这一力学原理
的产品非常多，如开瓶器、榨汁器、核桃钳、撬棍、扳手、虎钳、拔钉器、铁皮剪刀、钢丝钳、指甲剪、汽车方向
盘等（图 2-5）。

二、被动缓冲方式的应用

我们知道，工程中存在着各种冲击问题，如飞机着陆、炮弹发射、机床部件的快速往复运动、包装物起吊或跌
落等，都会使机械和地基基础受到冲击。在冲击力作用下，机械的零部件会产生很大的动应力，并可能被破坏，周

图 2-3 冲击力
有专门的冲击动力学来研究冲击力。在具体设计中，冲击力应用在一些特殊
的场合，如电锤、电镐、枪支等产品的部分功能就是对冲击力原理的应用。

图 2-4 爆炸力
在生产中可以应用爆炸瞬间产生的巨大压力来完成"爆炸焊"，作为
一种有效的连接工艺可以应用在某些特殊材料的焊接当中，图为爆炸
焊连接的钢板构件（剖面）。

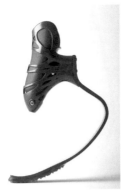

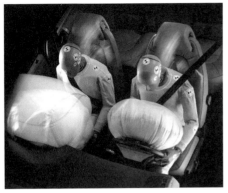

图 2-5 省力杠杆
利用省力杠杆可以做一些生活中有趣的小产品，如图
可以把简单的杠杆形象化，或者是人性化、安全化的
设计。

图 2-6 被动缓冲 / 减震
图为某弹性义肢设计。

图 2-7 主动缓冲
在一些重要的场合需要利用到复杂而主动的缓冲结构，
比如火箭的反冲制动和如图的安全气囊等，这种结构
不是靠被动变形来吸收缓冲能量，而是通过传感器和
微电脑的控制来实现缓冲。

围的机械和建筑也可能受到危害。因此，在工程中对所有不需要的冲击力都应采取缓冲或者隔离的措施，甚至是吸收，因此可以通过加入减震弹簧和吸收装置来实现缓冲（图 2-6）。

　　缓冲器按吸收能量的方式不同可分为机械缓冲器、液力缓冲器和气体缓冲器。机械缓冲器能将冲击动能转化为弹性元件的变形能，或用缓冲材料的内阻耗散能量；液力缓冲器是用液压节流方式吸收能量；气体缓冲器是靠气体的压缩吸收能量。

　　三、主动缓冲应用

　　"主动"是针对"被动"而言，可以设计为在某种特定的条件下才开启"缓冲"模式，这种自动开启的模式我们可以理解为"主动"（图 2-7）。

　　四、重心、平衡和稳定分析与运用（图 2-8 至图 2-11）

　　如果物体的体积和形状都不变，则无论物体对地面处于什么方向，其所受重力总是通过固定在物体上的坐标系的一个确定点，这个点即重心。重心不一定在物体上，例如圆环的重心就不在圆环上，而在它的对称中心上。重心位置在工程上有重要意义。例如：起重机要正常工作，其重心位置应满足一定条件才不至于翻倒；舰船的浮升稳定性也与重心的位置有关；高速旋转的电机转子，若重心不在转动轴线上，就会引起剧烈的振动。

图 2-8 产品的稳定性分析
宜家家居公司售卖的某款斗柜成了产品设计中的负面案例，因其稳定性在极端情况下发生变化而带来惨剧。因此应当展开产品使用过程中的情景分析，努力梳理设计中的一些极限因素，其中就包括了产品受力的各种可能性，以避免不必要的产品缺陷产生。

图 2-9 产品的重心与稳定性设计
从理论上讲，产品的重心越低则稳定性越高，但是作为设计师，可以通过一些设计的技巧来达到一种"看上去不稳定，实际上却很稳定"的错视效果，给消费者思考的同时带来使用的乐趣。

图 2-10 靠重心恢复稳定的产品设计
事实上摇椅也是一种比较有趣味的产品，可以通过自身的重心来自动适应姿态的改变，以随时达到受力平衡状态。

图 2-11 稳定性欠佳的趣味产品
"赛格威"这种小车已经成了平衡车的代名词，但是就其操作来讲，也是需要有一些技巧的，其产品的原理本质上不会避免所有的摔跤。

五、产品的运动分析

但凡遇到结构变化、位移的产品都会涉及运动学和动力学，这些都属于理论力学研究的范围。

2.4 材料力学认知与应用基础

前面讲到材料的研究内容是和材料自身的属性和构造相关的，下面按照材料的力学性能、材料的工程构造及材料力学的典型应用来进行介绍。

我们要知道材料应用的一些原则，了解材料应用过程中的一些现象，其中就有材料被破坏的形式。材料的破坏形式包括 5 种，一是材料表面破坏，原因是材料硬度不足；二是材料断裂（或破裂、撕裂、疲劳断裂等），原因是材料的强度不够（图 2-12）；三是材料疲劳断裂，是一种在交变应力作用下以疲劳辉纹为标志的断裂，一般认为是材料存在微裂纹；四是材料永久形变，原因是材料的刚度不足（图 2-13）；五是材料发热损毁，如熔融、焦化等，原因是摩擦生热或散热不良。

○ 2.4.1 材料的力学属性

材料的力学性能和材料自身的力学属性有关系，比如几何尺寸相同的钢材和木材，钢材的力学性能优于木材；又比如玻璃材料，其抗压能力表现较好，而抗弯曲能力则表现很差。材料的力学属性通常有硬度、强度、刚度、弹性、塑性、冲击韧性、断裂韧性及疲劳强度等，它们是衡量材料性能极其重要的指标。

一、硬度

硬度是材料局部抵抗硬物压入其表面的能力，也可以理解为材料表面抵抗破坏的能力。硬度分为划痕硬度、压

图 2-12 材料强度不足产生的破坏断裂

图 2-13 材料刚度不足带来的永久形变

入硬度和回跳硬度，其定义来自各自的测量方法。硬度不是一个简单的物理概念，而是材料弹性、塑性、强度和韧性等力学性能的综合指标。

二、强度

强度描述的是构件在外力作用下抵抗破坏（塑性变形和断裂等）的能力，分为屈服强度、抗拉强度、抗压强度、抗弯强度、抗剪强度、疲劳强度等。产品的某个构件强度不足以抵抗破坏，则引起产品的破坏，功用的失效。拉伸试验（图2-14）可测定材料的一系列强度指标和塑性指标，材料在承受拉伸载荷时，当载荷不增加而仍继续发生明显塑性变形的现象叫作屈服。产生屈服时的应力，称屈服点或称物理屈服强度。材料在断裂前所达到的最大应力值，称抗拉强度或强度极限。

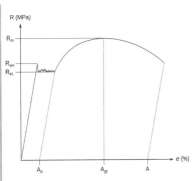

图2-14 拉伸试验和拉伸曲线图
拉伸试验在材料试验机上进行，试验机可自动绘制出拉伸曲线图。由试验机绘出的拉伸曲线，实际上是载荷－伸长曲线，经过换算可得到应力－应变曲线图。

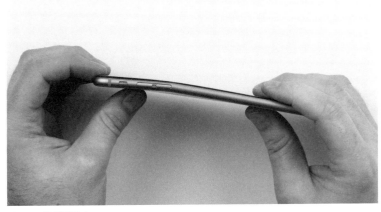

图2-15 构件的刚度
构件的刚度来自材料自身的刚度以及材料所做成的构件的形状所带来的刚度。

三、刚度

刚度描述的是材料或结构在外力作用下抵抗变形的能力，是材料或结构弹性变形难易程度的表征（图2-15）。某构件刚度太低会引起变形，和强度不足一样会影响功用甚至造成产品根本无法正常使用。

材料的刚度通常用弹性模量来衡量，弹性模量一般指单向应力状态下应力除以该方向的应变。弹性模量是工程材料重要的性能参数。从宏观角度来说，弹性模量是衡量物体抵抗弹性变形能力大小的尺度；从微观角度来说，弹性模量则是原子、离子或分子之间键合强度的反应。在宏观弹性范围内，刚度是零件荷载大小与位移量成正比的比例系数，即引起单位位移所需的力的大小。刚度的倒数称为柔度，即单位力引起的位移。刚度可分为静刚度和动刚度。

四、弹性

弹性是物体本身的一种特性，发生弹性形变后可以恢复原来的状态的一种性质（图2-16）。

五、塑性

塑性是指在外力作用下，材料能稳定地发生永久变形而不破坏其完整性的能力，常用的塑性指标是延伸率和断面收缩率。延伸率又叫伸长率，是指材料试样受拉伸载荷折断后，总伸长度同原始长度比值的百分数。断

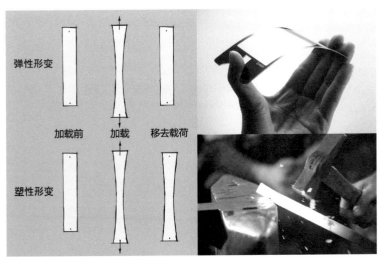

图2-16 材料的弹性形变和塑性形变
在外力的作用下，材料都会发生形变，如果撤掉外力（移去载荷），材料恢复到原状，那么这种形变叫作弹性形变。如果撤掉外力，材料只有部分恢复，那么这时候的形变叫作塑性形变，即材料发生了"塑形"。"打铁"即是对材料施加塑性形变以塑造想要的形状。

图 2-17 材料韧性的直观感受

面收缩率是指材料试样在受拉伸载荷拉断后，断面缩小的面积同原截面面积比值的百分数。

六、韧性

韧性是指当承受应力时对折断的抵抗，其定义为材料在破裂前所能吸收的能量与体积的比值。韧性分为断裂韧性和冲击韧性。

断裂韧性是材料阻止宏观裂纹失稳扩展能力的度量，也是材料抵抗脆性破坏的韧性参数，它和裂纹本身的大小、形状及外加应力大小无关，是材料固有的特性。断裂韧性只与材料本身、热处理及加工工艺有关。常用断裂前物体吸收的能量或外界对物体所作的功表示。高韧性材料具有大的断裂伸长值，而脆性材料一般断裂韧性较小。冲击韧性是反映材料对外来冲击负荷的抵抗能力。材料的韧性描述了材料的坚韧强度，因此可以用"坚韧不拔"和"百折不挠"来形容（图 2-17 ）。

七、材料力学属性知识汇总（图 2-18 ）

○ 2.4.2 工程材料的力学性能分类

根据大量的实验，我们把材料按照力学性能分成了两大类别，即塑性材料和脆性材料。

塑性材料在拉伸和压缩时的弹性极限、屈服极限基本相同，对受压和受拉构件都适用。此外，塑性材料能在外

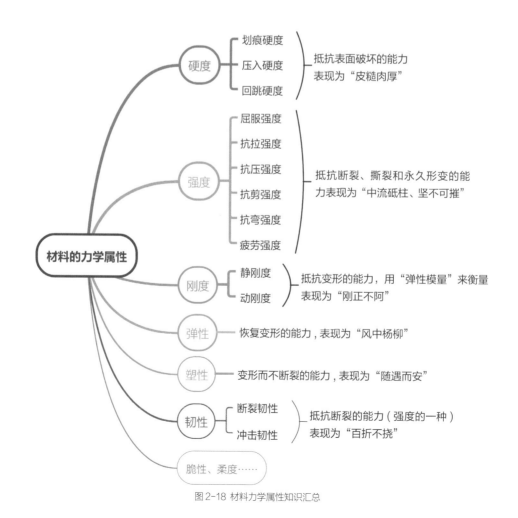

图 2-18 材料力学属性知识汇总

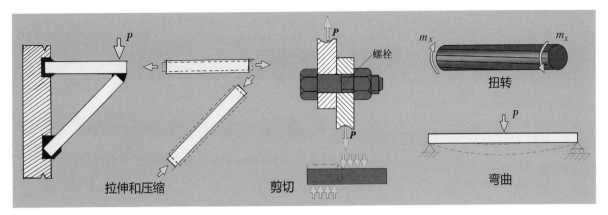

图 2-19 力的四种作用形式

拉伸和压缩：在产品中，不同的构件因使用状态的不同而受到不同的力的作用。拉力和压力是在杆件结构中最常见的力，对构件的影响表现为拉伸和压缩。剪切：大小相等、方向相反的一对作用力对构件形成剪切的效果。扭转：大小相等、方向相反的一对力偶对构件形成扭转的效果。弯曲：力的效果表现为构件的弯曲变形。在实际使用过程中，构件不一定只是受到单一的力的作用，通常是多种力的作用的综合。

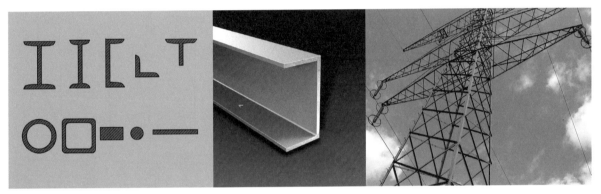

图 2-20 型材

图为常用型材的各种截面形状以及型材的应用。以纯弯曲为例，从经验和计算得知，当截面面积相同（即材料的使用量相同）时，工字形比空心矩形好，空心矩形比实心矩形好，矩形比圆形好。型材的工业生产比较成熟而廉价，因此广泛应用在各种工业中。

力作用下发生永久形变，使其加工成型多了很多方法。塑性材料的抗冲击能力比较好，受应力集中的影响较小。脆性材料的压缩强度极限远比拉伸时大，因此，脆性材料仅适用于受压构件。脆性材料难以加工，矫正构件安装位置时容易产生裂纹，抗冲击的能力差，受应力集中的影响较大。因此，总的来说，在工程应用中塑性材料的力学性能较脆性材料要好。

　　材料力学的理论体系复杂，检索和应用材料力学的研究成果、原理和方法，对设计有至关重要的作用。从结论入手，绕开具体的推理和演算，把结论应用到设计过程中去，是工程思维和设计思维共同发挥作用的表现。

○ 2.4.3 构件的受力形式

　　构件在结构中通常有拉伸和压缩、剪切（挤压）、扭转、弯曲四种基本变形，在变形过程中会带来强度和刚度的问题、结构破坏等问题（图 2-19）。

○ 2.4.4 构件的截面形状和力学性能

　　材料的力学性能除了与材料固有的力学性能有关系，同时还跟材料的制成形态有关系，即我们在材料力学中需要去研究的设计形态。相同体积（即相同的使用量）的同一种材料，用不同的设计方法，其带来的力学效应是不同的（图 2-20、图 2-21）。

图 2-21 杆材的应用

图为金属型材在建筑中的应用情形。

材料做成的构件在外力作用下产生应力和变形，都与构件截面的形状和尺寸有关，这种反应截面形状和尺寸某些性质的一些量，如拉伸时遇到的横截面面积、扭转时遇到的极惯性矩和弯曲时遇到的截面扭转惯性矩统称为截面的几何性质。不同的截面有不同的几何性质，根据这些性质的比较，合理地选择和应用尤为重要，具体比较内容见表2-1。

表2-1 截面的几何性质与分析

外力	相关的截面性质	定性描述
拉伸、压缩	拉伸或压缩方向横截面面积	面积越大强度越高，比如绳子越粗越结实
扭转	截面极惯性矩、截面扭转惯性矩	材料在截面上分布越靠扭转中心外围，越抗扭转
弯曲	截面惯性矩	材料在截面上分布越远离中性面，越抗弯曲
剪切	受剪面面积	面积越大强度越高，比如绳子越粗、纸张越厚越不容易剪断

○ 2.4.5 杆状构件（杆件）的受力

工程构件在使用过程中，会受到拉压/压缩、弯曲、剪切和扭转的力的作用，构件并不能很好地适应所有的受力形式，因此我们必须通过设计使其适应最理想的受力方式，使之在使用过程中不容易被力所破坏。

杆件就是一种典型的工程构件，我们来看一看杆件的受力情况。我们发现，一根细木棍很容易就被手折断了，但是如果沿着木棍的轴线方向施力，比如戳和刺，那么木棍会表现出很好的强度。竹竿的强度跟细木棍部分类似，但更为复杂。如果沿着长度方向对竹竿施加拉力和压力，竹竿表现出强度很高；我们弯折竹竿，竹竿的抗弯能力并不理想，甚至大幅度变形；如果我们扭转竹竿，竹竿很容易沿着长度方向破裂，继而被破坏。通过以上的经验可以

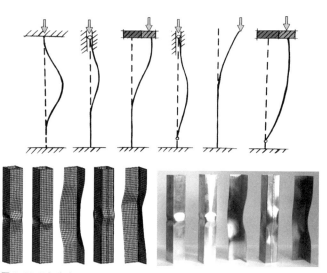

图 2-22 压杆失稳
图为压杆失稳的各种表现形式。如果压杆为薄壁或其他形式的结构，则失稳表现得更加复杂。

看出，杆类构件对于受到的拉压力，可以表现出比较理想的强度，然而对于弯曲、剪切和扭转，表现出的强度就不太理想。

此外，由于杆件的弯曲、剪切和扭转计算比拉压复杂，而复杂的计算对于工程来讲会增加工作量、降低工作效率，还会带来潜在的风险。因此设计中我们通常让杆件的受力简化，也就是说尽量让杆件受拉压力，以此来简化设计。

此外，我们还必须考察压杆带来的失稳问题（图2-22）。

○ 2.4.6 梁

由支座支承，承受的外力以横向力和剪力为主，以弯曲为主要变形方式的构件称为梁，在材料力学中通常可以把梁简化为杆件进行分析。

对于直接的设计应用来讲，学会看梁的剪力图和弯矩图有重要意义，可以根据图示的剪力和弯矩变化对形态结构进行调整。剪力图和弯矩图可以通过工程师计算和绘制得到。

如果梁只在一端支承，并且梁的轴线不能在支承点处转动，则这种梁称为悬臂梁（图2-23）。在其两端自由支承的梁，称为简支梁。作用在悬臂梁、简支梁等上的约束反力可以利用静力学平衡方程计算得到的梁称为静定梁（图2-24、图2-25）。如果作用在梁上的约束反力的数目超过静力平衡方程的数目，那么必须用基于形变的方程去补充静力学平衡方程，这时候梁称为超静定梁。

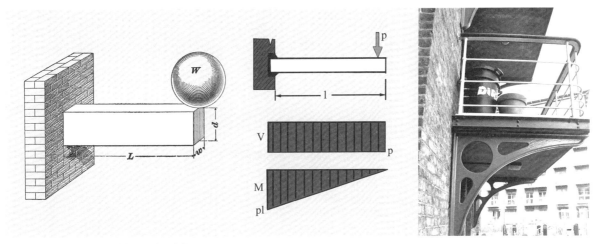

图 2-23 悬臂梁的剪切图和弯矩图及应用启发

单一载荷下悬臂梁受均匀剪力，而弯矩则在梁根部达到最大值，我们可以简单理解为梁对墙体的"撬动"。要实际应用悬臂梁，必须减小这种撬动的效应，一来必须缩短悬臂梁的长度，二是必须加强根部的强度，并根据弯矩图合理设计悬臂梁的形状和结构。

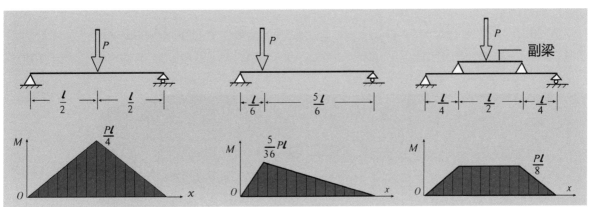

图 2-24 改变加载位置和加载方式制造合理弯矩

简支梁在单一载荷 P 作用下发生弯曲，通过计算我们可以得到图示的弯矩图。弯矩图表达了弯矩在梁上的分布情况，从弯矩图上我们可以非常直观地判断出弯矩的变化，找到弯矩的最大最小值，也可以判断出哪种载荷的加载方式较为合理。三种加载方式中，第一种方式具有三种加载方式中最大的弯矩，第三种方式的弯矩分布比较均匀。

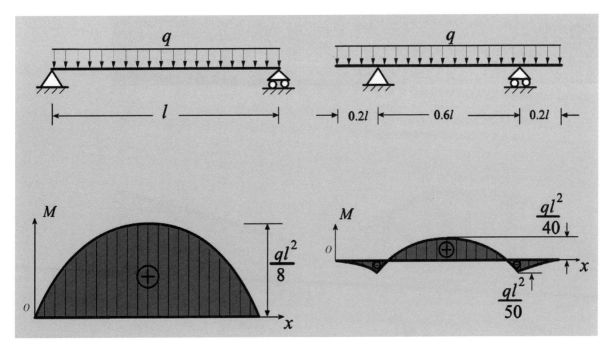

图 2-25 改变支座位置以减小最大弯矩

简支梁在均布载荷 q 下发生弯曲，通过计算我们可以得到图示的弯矩图（弯矩有正负之分，梁向下弯曲则弯矩为正值）。从图中我们可以看出，在梁的长度不变的情况下，通过简单地向内移动支架位置（由简支梁变为外伸梁），可以大幅度地减少梁上的弯矩大小。

○ 2.4.7 柱

"横梁直柱"，"柱"是建筑物中竖直的结构件，承托在其上方构件及物件的重量。理想柱基本只承受轴向的载荷，其受力比较简单。因此柱的强度基本只跟材料自身的性能以及柱的粗细有关，在工程中比较好计算，然而在使用过程中也必须考虑其稳定性。

在建筑工程中，柱可以分为短柱、长柱及中长柱。短柱在轴向荷载作用下发生的破坏是材料自身强度不足带来的破坏；而长柱在轴向荷载作用下所产生的破坏主要是屈曲，丧失稳定并失去柱的功能。在中国传统木建筑中，柱和梁并不是整体成型，它们之间仅仅是搭接关系，因此较难承受地震等带来的剪应力，柱的阵列仅负责承托梁架结构及其他部分的重量。

柱是结构中极为重要的部分，柱的破坏将导致整个结构的损坏与倒塌（图2-26）。

○ 2.4.8 桁架

桁架是一种工程结构，其主体构件全是杆件，能够表现出比较好的力学性能，同时非常节省材料和成本。此外，金属型材可以采用轧制、拉拔、挤出等高速、高效、连续的生产方式，塑料也可以采用挤出等生产方式，所以它们的生产成本非常低。

用工程语言来讲，桁架是由若干直杆在其两端用铰链连接而成的结构。铰是一种光滑连接方式，这种连接方式保证了杆件之间的受力只是拉和压，没有其他形式的力存在。而各杆件截面上的应力分布均匀，可以充分发挥材料

图2-26 "立柱顶千斤"
图为日本设计师隈研吾设计的木桥博物馆。俗话"立柱顶千斤"，也叫立木顶千斤，意思是柱的受力条件比梁要好很多。在不弯曲失稳的情况下，简单的一根柱子可以承受相当大的重量，并且柱既可以用容易加工的塑性材料来做，也可以用廉价的脆性材料来做，因此在设计与实施中有更多的选择性。

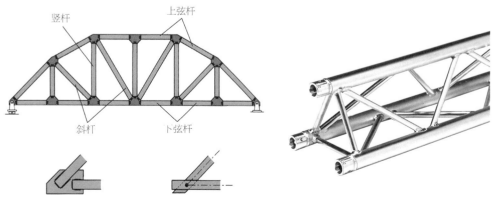

图2-27 桁架的结构
在桁架中，杆件和杆件之间的连接点称为结点。当荷载只作用在结点上时，各杆只受到有压力和拉力的作用。

的作用（让杆件弯曲或扭转是不明智的行为）。然而，工程中理想的光滑的铰是不存在的，一些桁架甚至是用焊接等方式形成刚性连接，木材甚至可以用金属构件来进行连接。但是通过合理的设定和科学的简化，我们可以认为刚性连接的杆件也是桁架结构，以便简化设计和计算（图2-27）。

一、桁架梁

通常桁架结构中的桁架指的是桁架梁，是"格构化"的一种梁式结构。桁架结构常用于大跨度的厂房、展览馆、体育馆和桥梁等公共建筑中。由于它们大多用于建筑的屋盖结构，桁架通常也被称作"屋架"。

从梁的分析我们可以看出，宏观上桁架结构可以看作是把一个实心梁掏空而形成的（图2-28）。由于桁架各杆件之间的连接是光滑的铰链，而四边形结构的力学稳定性并不高，因此实际应用中的桁架多是三角形的连接（图2-29）。三角形的稳定性，在其他桁架构造中同样适用（图2-30）。

二、桁架的应用

在建筑和景观中，桁架应用广泛，其优异的力学性能、低廉的价格和丰富的结构美感给设计师带来了源源不断的想象空间。发展到今天，桁架结构所应用到的型材和连接结构已经模块化、系列化和标准化，设计师需要做的就是去选择和把它们组合起来。

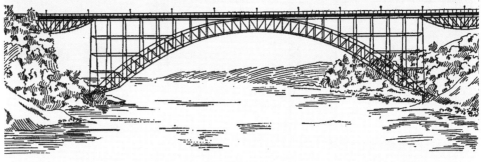

图 2-28 实心结构和桁架结构
宏观上桁架结构可以看作是把一个实心梁合理掏空形成的，因此实心梁和桁架梁的力学效应是相当的，为了完成类似的工作，不管是实心梁还是桁架梁，其总体轮廓和形态的设计也应当类似（我们可以把石桥的每一个石头和桁架桥的每一个格构单元都等同起来，看成是一个力学单元）。

图 2-29 桁架梁案例
桥梁和屋架是桁架梁的典型应用范围，优美的桁架结构和设计学的立体构成原理非常接近，无非前者更加偏重力学效应的实现。

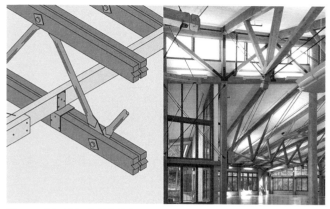

图 2-30 桁架结构和杆件的综合结构
图示木构件及组合，包含了桁架结构及其他综合力学结构。

图 2-31 桁架的应用
桁架结构通过各种演变，以不同的形式展现在产品和建筑中。

在产品设计中，桁架的原理在对受力要求较高的产品的整体构造中屡见不鲜（图2-31），比如汽车车身的框架结构，其结构局部采用了桁架，使得汽车安全、牢固，还节约空间。在铸造零件的加强筋的设计方面也有一定的体现，好的加强筋设计总能找到桁架的影子。此外，在一些特殊的结构当中，比如发泡产品的骨架也应用到了桁架结构，轻巧而结实。

○ 2.4.9 刚架

刚架是由梁和柱组成的结构，各杆件主要受弯。刚架的结点主要是刚结点，也可以有部分铰结点或组合结点。好的刚架设计还是倾向于利用一些普遍适用的力学原理，比如三角形的稳定结构、六边形的稳定与省材料特性等，因此可以把刚架理解为焊牢的桁架结构，在刚架结构里，每一个构件的受力都变得相当复杂，远没有桁架结构的计算那么简单（图2-32至图2-34）。

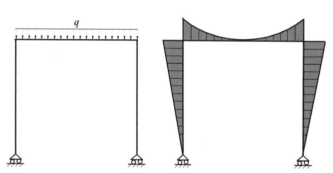

图 2-32 静定刚架的弯矩图和应用案例
这种矩形刚架下部可自由移动，其最大弯矩出现在两个顶点处，也即是梁和柱的连接点。因此就具体的实物构造来讲，处理好这些交接点成为了设计重点，如图中中国传统家具的条凳就是一个处理得很好的案例，其所用的回纹既可以理解为装饰，也可以理解为连接处结构的加强。

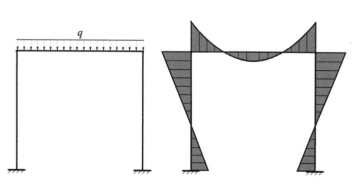

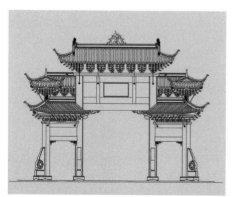

图 2-33 超静定刚架的弯矩图和应用案例
这种矩形刚架下部固定，其最大弯矩出现在两个顶点处，也即是梁和柱的连接点。牌坊、牌楼这类建筑除了处理好了交接点，同时柱体底部也有加强（柱础或深埋的地基），这和弯矩图非常吻合。

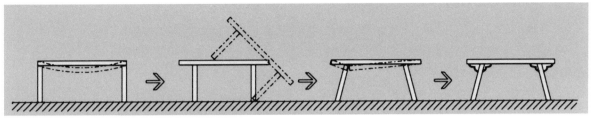

| 梁+柱实现长凳垂足座基本目标 然而座板长度增加后抗弯强度不足 | 为了提升弯曲强度，凳脚向中间 靠拢，然而使用过程中容易倾倒 | 为了提升稳定性，凳脚向外分开 然而造成凳脚根部抗弯强度不足 | 根部做加强设计，最 终达到设计目标 |

图 2-34 综合应用
如图，古人为了实现凳子的功能，通过长期的实践应用，最终形态被固定下来，有了我们今天熟悉的木制长凳的形态。

○ 2.4.10 材料力学的应用总结（图 2-35）

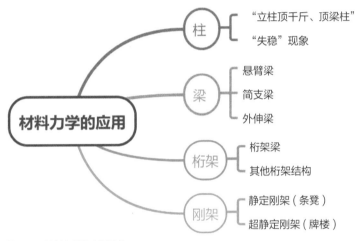

图 2-35 材料力学的应用总结

2.5 练习与实践

　　力学很抽象、很难学习，但同时应用性又非常强。我们一定要从各种力学现象和成熟的解决问题方式入手，从身边的建筑及产品中找到解决办法并学习它们（图 2-36）。好的设计方案是通过各种的试错来改进，通过模型的试验来敲定最终的设计方案（图 2-37）。

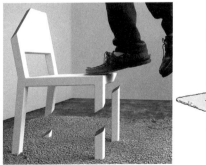

图 2-36 力学创新实践案例
图中的创作者利用电磁铁产生的磁力，将铁屑吸引成磁力线的形状，然后用胶水或烧结的方式固定下来，最终得到一个新颖的凳子。简单的力学现象也能够给我们带来很多设计思维的启发。

图 2-37 有趣的力学应用
把受力结构隐藏起来，让人产生视错觉，让观察者也积极思考，无意中获得力学的知识。

针对设计应用，力学的学习、实践方式有这些：

A. 搜集和观察各种工程材料，了解它们的力学性能和使用条件，作为课堂学习的补充；

B. 尝试把普通材料当作工程材料来应用，比如用普通纸张来制作受力构件，用泥沙来构建建筑模型，用雪来堆雪屋等；

C. 观察各种工业材料，如杆材、管材、连接件等，了解它们的应用形式和施工方式；

D. 观察各种力学结构，积累结构设计的案例，同时充分了解结构的原理，尝试从各个方面去改良；

E. 搜集并整理各种失效的力学案例，比如倒塌的建筑、地震中毁损的房屋、因构件失效被召回的汽车等；

F. 观察家庭装修的案例，学习建筑、家具等各方面的力学原理和解决方案；

G. 尝试参与乡村的建设，利用社会实践和社会创新项目去学习力学和构建，比如参与夯土墙的劳动，学习砌砖等（图2-38）。

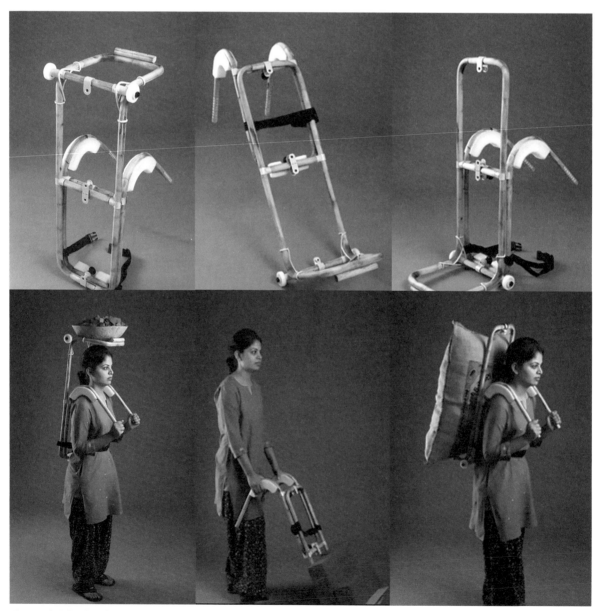

图2-38 力学应用与社会创新
本设计是印度设计师 Vikram Dinubhai Panchal 带来的设计作品"Load Carrier for Labor"，通过对体力劳动者负重的研究，从力学的应用方面设计出了几种匹配的形式来应对不同的劳动场合，做到了符合人体工程学原理，同时用到了廉价的材料和可变形的结构，总体上来讲这是一个实用性很强、具有很高社会价值和市场价值的好设计。

第 3 章
结构力学应用与实践

评定结构的优劣，从力学角度看是考察结构的强度和刚度等属性，包括整体和局部的属性。工程结构设计既要保证结构有足够的强度，又要保证它有足够的刚度。强度不够，结构容易被破坏；刚度不够，结构容易皱损，或出现较大的振动，或产生较大的变形。皱损会导致结构的变形破坏，振动会缩短结构的使用寿命，皱损、振动、变形都会影响结构的使用性能，而较大的变形会导致结构失稳，失稳则会带来结构崩溃。在结构力学中失稳现象表现更为复杂，通常可以通过简化模型来进行计算或者通过试验来获取结论。

结构力学和材料力学是互相补充的，结构力学中不仅要考虑结构的强度和刚度，还要做到用料省、重量轻。减轻重量在某些场合尤为重要，如减轻飞机的重量可以使飞机上升快、速度快、航程远、能耗低。前面我们知道，设计中若需增加构件的强度和刚度，除选用高性能的材料外，还可以采用堆砌材料的方式，比如构件加粗加厚，构件数量的叠加等；也可以利用构件合理的结构来实现强度和刚度的增加（提高截面系数），比如工程型材中的L、U和工字型材的截面结构，以及加强筋结构。加粗加厚构件、叠加构件数量往往会引起制品费用升高、重量加大，甚至其重量会压垮制品自身，所以不是最好的方式，合理的空间结构才是设计师追寻的目标（图3-1）。例如，在杆件的组合结构中，桁架是比较典型的组合方式，桁架带来的力学效应非常明显，通常桁架构造的结构比杆件的其他组合形式更稳固、更轻巧（图3-2）。

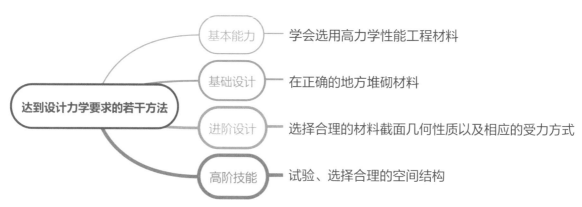

图3-1 达到设计力学要求的若干方法

图3-2 身边的结构力学
除了满足构件的力学要求，结构力学的应用能给设计带来丰富多彩的表现。高明的设计师和工程师同时也是高素质的艺术家。

图 3-3 结构力学下广义的桁架结构 / 刚架结构应用

从结构力学的角度来看，广义的桁架结构也是众多力学结构样式中的一种，有很多变化、演化的可能，为我们提供了诸多设计灵感。用在建筑和景观设计中，能够用简单的原材料完成宏大体量和复杂空间的构建，是设计师常用的手法。

图 3-4 广义桁架结构的经典案例

合理应用和搭建桁架结构，能够像雕塑一件完整艺术作品一般，在实践工程理论的同时，让人们从实物中体会工程技术的魅力。

3.1 结构力学应用基础

○ 3.1.1 结构力学中的桁架结构

从材料力学我们知道，在杆件的组合结构中，桁架是比较典型的结构形式，桁架结构展现的力学效应非常明显，通常桁架构造的结构比其他结构更轻巧、更省料（图 3-3 至图 3-5）。然而实际应用中，简单的桁架构造并不能完全满足设计需求，丰富的设计环境造就了千变万化的杆件构造，这些构造从力学本质上看是形成了超静定的刚架结构，它们在计算上可以采用桁架设计的计算方法，因此可以理解为广义的桁架结构。

○ 3.1.2 薄壁材料与薄壁结构（折叠平面结构）

薄壁板材是工业生产应用非常广泛的原材料之一，比如木板、纸张、冷轧钢板等。

薄壁结构是一种由薄型板件和加劲构件组成的结构，一般用于飞行器的蒙皮、腹板、隔板、地板等；加劲构件有桁条和梁、肋、框的缘条等。通常桁条和缘条由挤压或弯制的型材制成，也属于薄壁杆件。高速飞行器对蒙皮抵抗弯曲的能力提出了更高的要求，因此薄壁结构又发展出整体结构、夹层结构、蜂窝结构、复合材料结构等型式。薄壁结构分析与设计见图 3-6 至图 3-14。

图 3-5 桁架结构的创新与实践
从原材料来讲，棍状的桁架结构是比较常见的工程结构之一，自然界的木材、竹材等都是古人构建工程结构的常用材料。然而，随处可见的塑料废弃物也能够成为工程材料，成为社会创新与循环再利用的亮点，前提是设计师对于工程结构有非常好的表现力和实践能力。

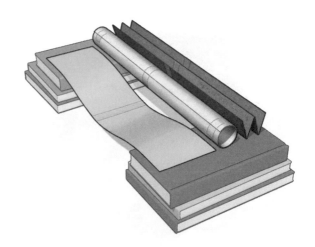

图 3-6 薄壁板材的受力
在理解薄壁结构的力学设计之前，我们先看一下图中的这个对比实验。如图，我们以纸张这种薄壁材料为例来进行研究。当薄壁材料在没有经过任何加工的时候，它的力学表现是很差的，甚至不能承担自身的重量。当将薄壁材料加工成圆柱状，或简单地进行折弯处理，那么它的受力情况会呈现数倍的改善。这些现象我们可以在日常生活中就能够观察到，重要的是合理的工程化和有效的应用。

图 3-7 薄壁圆筒的受压试验
薄壁材料在加工成圆筒以后，不仅抗弯能力增强，而且在抗压能力方面也得到了显著的提升。如图我们把纸筒竖立，在竖立的纸筒上可以承受很惊人的重量，因此可以看出，合理的薄壁结构的力学效应非常明显。

图 3-8 立体构成创作

在其他一些地方，我们涉及立体构成的创作，如图所示。立体构成是将平面的材料转换为立体的空间构造，在这个转化过程中丰富了作品的层次，提升了美感，同时也在一定程度上增强了整个构造的强度和刚度。然而立体构成的创作作品，其本质上并不是为了提升强度和刚度，因此工程应用中要把握立体构成和力学构造之间的关系，需要理解和筛选出理想的力学构造。立体构成的创作作品往往会非常复杂，应用于工程构造中会显得繁复而难以把握。如果我们把立体构成的作品直接应用在工程方面，则需要对其力学性能进行进一步的研究和试验。

图 3-9 薄壁结构应用的基本方式

无论是金属还是非金属，薄壁材料通过折出简单的棱线立即就能够提升使用强度，这样的结构我们可以称之为折叠平面结构。

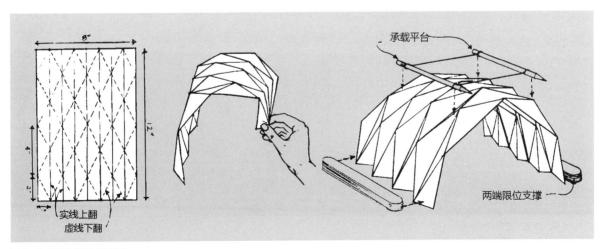

图 3-10 薄壁构造的桌面实验

对于薄壁的构造来讲，我们可以通过将其设计成桥梁模型等方法来试验其力学效应，筛选好的构造方法。图中是用纸张叠制的纸桥，有一定的承载能力。试验结构简单，仅仅用到了薄纸张弯折就完成了力学结构的设计。有一些外观很好的构造方案并不是理想的工程结构方案，或者说必须进行进一步的设计和试验才能够转化为好的工程结构。

图 3-11 折叠平面结构的产品案例
除了包装以外，薄壁折叠平面结构在产品中也能看到一些有趣的应用，通过合理的设计，轻薄的纸张在受力方面是毫不含糊的。

图 3-12 薄壁加强筋结构案例
在大型工程车辆上我们可以看到很多类似肋条的框架结构。这种车厢尺寸很大，如果采用钢板来制作，那么必须对车厢进行加强处理，比如焊接其他结构来制作加强筋。或者就是直接通过其他成型的方式用钢板自身来作出这种肋条状的结构，比如折弯或压筋工艺。

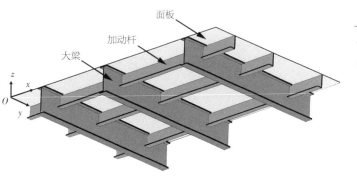
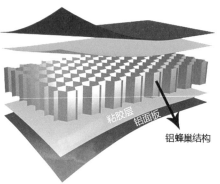

图 3-13 复杂薄壁结构的工程应用
工业原材料很多都是成熟的型材，各种规格的工字梁和板材的搭建，可以高效快捷地完成很好的工程结构，代替了传统的复杂的木结构。而蜂巢夹层板是采用了比较复杂的三明治结构来实现蜂巢结构理论的一种力学应用方式。

图 3-14 薄壁折叠平面结构的经典案例
美国空军学院学员礼拜堂在建筑学上的成功归功于折叠平面结构的应用，它是由 17 个玻璃与铝材构建的尖塔串列组成，每个尖塔由 100 个四面体构成，围合在礼拜堂的上部。礼拜堂高 46 米，建筑的功能空间包含 3 个各不相同的教堂。位于主楼层的新教教堂由挤压铝贴面的一系列四面体构成外围护，各四面体之间由连续的彩色玻璃面板分隔，窗户则由特殊的夹胶玻璃构成；位于平台层的天主教教堂以预制件砌块组成的天花板图案为特色，其侧壁由琥珀色玻璃构成，条状窗户则由多晶面玻璃构成；犹太教教堂是由柏木框架和彩色玻璃砖围合的圆形厅室，设有一处以色列空军捐赠的由棕色耶路撒冷石构成的门厅。

○ 3.1.3 探索薄壳结构

一个人握住一个鸡蛋使劲地捏，无论怎样用力也不能把鸡蛋捏碎。薄薄的鸡蛋壳之所以能承受这么大的压力，是因为它能够把受到的压力均匀地分散到蛋壳的各个部分。种子外壳、蛋壳、贝壳、海螺等生物结构，其外形符合力学原理，本质上是要求用最少的材料获得坚固的外壳。根据这种结构特点，通过变化和综合，可以设计出诸多"薄壳结构"（图3-15）。

薄壳结构，也称壳体结构、薄壁空间结构。因其主体结构的厚度比其他尺寸（如跨度）小得多，所以称"薄壳"。它属于空间受力结构，主要承受曲面内的轴向压力，而弯矩很小。它的受力比较合理，材料强度能得到充分利用，它的强度和刚度主要是来自其几何形状和空间结构的合理性，能够把受到的压力均匀地分散到壳体的各个部分，以很小的厚度承受很大的力（图3-16）。

薄壳结构常用于大跨度的屋盖结构，如展览馆、俱乐部、飞机库等。采用薄壳结构的建筑都有许多优点，其中最重要的就是用料少、跨度大，并且坚固耐用（图3-17、图3-18）。

图 3-15 薄壳结构的基本形式
薄壳结构按曲面生成的形式分为筒壳、圆顶薄壳、双曲扁壳和双曲抛物面壳等。

图 3-16 薄壳结构与产品设计
薄壳结构有一个显著的特点是利用硬质的壳体来传递力的作用，壳体表面几乎每个点都参与到了力的作用当中去。设计师应当把握这个特点，在设计的薄壳结构中尽量少用到开孔、开槽等结构，这些应力集中的特征在硬质的壳体中往往是结构破坏的发源地。

图 3-17 汽车车身与薄壳结构
汽车车身都以薄壳结构为主，交通工具的本质使得车身的力学性能要求非常高，其中承载式车身的整体受力基本全部交给了不到1 mm 左右厚度的薄壳结构。车身除了营造容纳机械结构和乘客的必要空间外，还起到保护乘客的作用，同时车身的薄壳结构还兼顾着碰撞吸能的功能。

图 3-18 薄壳结构在建筑设计中的应用
建筑结构也大量应用了薄壳结构，火电厂的冷却塔就是典型的薄壳结构，冷却塔体积庞大却中空，薄壳结构是最好的选择，同时水泥材料良好的抗压性能对于构建薄壳结构有着天然的优势。

薄壳结构和前面讲到的薄壁结构有一些区别，薄壳结构大多是较为完整的曲面壳体受力，典型的案例就是贝壳和海螺等，因此薄壳结构就是曲面的薄壁结构（图 3-19）。

薄壳结构的设计计算比较复杂，很多时候靠计算机模拟和实物模型来验证。对于设计师来讲，也可以通过一些特殊的实验手段来得到薄壳结构，比如用纸浆、黏土等方式来构建这类结构模型（图 3-20）。

图 3-19 薄壳结构的仿生研究
据悉，澳大利亚悉尼歌剧院的设计灵感就来自贝壳，是典型的薄壳结构。然而悉尼歌剧院最终的设计却不是纯粹的薄壳结构，其带有了很多张力结构的细节，这些精湛的力学设计让该建筑成了建筑史上非常经典的设计案例之一。

图 3-20 薄壳结构的创新与实践
懂力学结构的设计师是无敌的。图为某社会创新的项目，设计师用本土材料打造的廉价、环保、优美的房屋大大提升了当地人的生活质量，同时让土著文化和现代审美牢牢地绑定在了一起，质朴的构造融合的是先进的设计理念。

○ 3.1.4 张力结构 / 张力膜结构

张力结构是利用预应力技术将索、杆、梁、膜等不同类型的结构形式组合而成的杂交空间结构 (Hybrid Space Structure)（图 3-21）。因充分发挥了预应力的性能，使大部分结构处于受拉状态，减轻了结构自重，具有跨越超大跨度的优越能力。

张力结构必须要自身的力系来进行维系，才能够将柔软的绳索或薄膜构造成刚性的系统。这种维系系统的力就是张力，在张力作用下，哪怕没有其他外力的作用，构件内部也会产生应力，我们称作预应力，预应力可以理解为绳索绷紧时产生的应力（图 3-22、图 3-23）。

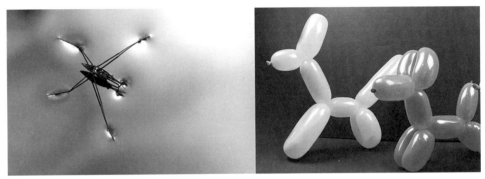

图 3-21 认识张力 / 张力结构
水的表面张力是我们经常提到的力学现象，也是我们理解张力的很好切入点，它代表一个系统在外力作用之前就已经具备了力的作用，这个力能够让这个系统得以维持，同时能够保证在适当的外力作用下不溃散。柔软的气球在充气以后也能够塑形，能够承受力的作用，类似的薄膜材料在充气以后甚至能够作为家具来使用。

图 3-22 传统的张力结构 / 张力膜结构
身边很多传统产品也是张力结构的，中国常用的竹材料是很好的工程材料，竹材很好的弹性和韧性是实现张力结构的本质所在。

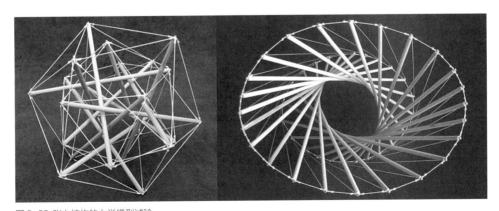

图 3-23 张力结构的力学模型试验
要做到一个空间结构的力系能够保持平衡，那么向内向外的力都必须出现并相互抵消，换句话说就是如果整个结构不坍塌，则由绳索等弹性材料产生的预应力必须由刚性材料来抵消，这也是实践张力结构的要点。

　　建筑工程中的预应力是为了改善结构使用期间的表现，在施工期间给结构预先施加的压力。结构在使用期间，预加压的应力可全部或部分抵消荷载导致的拉应力，避免结构破坏（图3-24、图3-25）。比如预应力混凝土结构，是在结构承受荷载之前，预先对其施加压力，使其在外荷载作用时的受拉区混凝土内产生压应力，用以抵消或减小外荷载产生的拉应力，使结构在正常使用的情况下不产生裂缝或者减弱裂缝的影响。

图3-24 被我们忽视的张力结构
自行车、摩托车的车轮通过纤细的辐条来"绷紧"整个轮圈，让轮子建立在具有一定弹性的张力结构基础之上。如果辐条不预先绷紧，轮圈、辐条和轮毂没法形成一个整体，更没法成为受力构件。这种张力结构可以用很少的材料或构件达到良好的使用效果，对于自行车来讲更是减轻重量的很好方法。（右图为用仪表检查辐条张紧力）

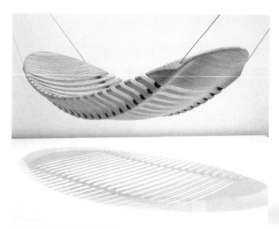

图3-25 利用张力结构的家具
利用张力结构也可以完成一些比较有趣的作品，图中的产品因为绳索的介入，整个结构会显得轻便美观，空间结构变化灵活，具有结构的美感。

图3-26 慕尼黑奥林匹克体育场
德国慕尼黑奥林匹克体育公园，其建筑群包括了游泳馆在内的几个体育场馆，最抢眼的是靠吊柱吊起的巨大帐篷式屋顶。这种"渔网"式的棚式建筑让张力结构发挥了极致，体现了结构力学创新在建筑学应用上的又一次成功。

　　在一些大型的建筑景观中，张力结构常作为一种非常有效的手段来完成建筑、景观的制作，它利用很少的原材料便可以实现很宏大的空间结构（图 3-26）。

　　张力结构中，当受力主体是薄膜的时候，我们叫这种结构为张力膜结构（图 3-27）。当一个物体受到四个以上不在同一平面内的拉力作用，且它们能构成平衡力系时，该物体就能仅在拉力的作用下于三维空间内保持稳定。通过这一原则可以确定张力薄膜结构的稳定形状（图 3-28 至图 3-31）。

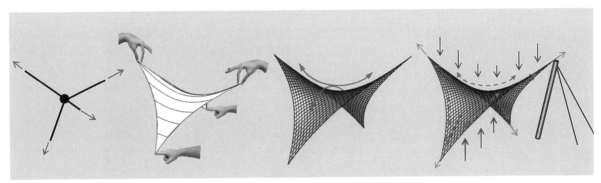

图 3-27 张力膜结构的认知
此图展现了张力膜结构的基础稳定结构，在此基础上可以演化出丰富多彩的结构。

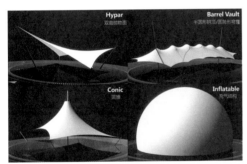

图 3-28 张力膜结构的基本形式

图 3-29 利用张力膜结构的家具
利用张力膜结构可以完成一些非常有趣的产品设计，图中的家具跟吹气家具一样，不过吹气的"气球"材料由塑料变成了薄钢板。软软的薄钢板在预应力的作用下变得刚硬，具有使用强度，变得实用化。

图 3-30 建筑中的张力膜结构
英国"千禧巨蛋"张力膜结构建筑是世界上最大的膜结构建筑物之一。它具有醒目的白色圆顶，由 12 根刺破天际的塔柱紧绷，非常具有力量感和设计感。"千禧巨蛋"从兴建到落成一直争议不断，但不可否认的是它的设计和工程结构是成功的。

图 3-31 张力结构的创新与实践
图为日本设计师隈研吾进行的一个抗震建筑实验，利用了张力结构施工比较简易的特性，以及张力结构一定程度能够吸收震动的特性，让建筑结构变得牢固安全。

○ 3.1.5 其他成熟结构借鉴

材料的应用千变万化，就排列组合来讲其可能性是无穷无尽的。从身边的优秀结构入手，学会借鉴成熟的结构设计案例是很好的方法。挖掘、整理、应用，最后才能够谈创新（图 3-32）。

3.2 结构力学探索与创新

○ 3.2.1 结构力学实验

在解决复杂力学问题的时候，力学实验往往是一种简单高效的方式。

一般来讲，人类没法直接观察到力，通常都是通过力的效应间接地测量出力的大小，如弹簧秤就是通过弹簧的拉伸长短来测量重力。现代的力学测量也是通过间接的方式，通过测量受力物体的形变值或者观察变形方式，得以反求其受力情形。

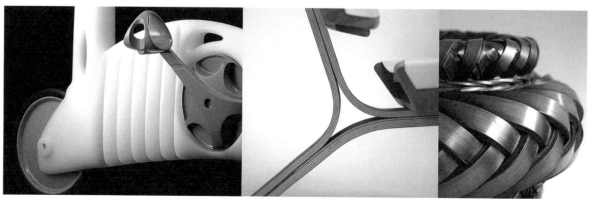

图 3-32 结构力学在产品中的应用
在产品中，结构力学的应用表现在加强筋结构、三角形超静定结构和编织结构等地方。

在充足的实验条件下，通常可以用力学实验来探测构件的总体力学效应，通过观察应力场的形式直观地感受构件的受力情形（图3-33）。其次可以用拉力计或电学应变仪，通过测量总体或某点应变的方式来计算出应力值的大小（图3-34）。第三种方法是通过破坏性的实验来验证设计，如汽车的碰撞实验等（图3-35）。

结构力学的空间结构形式研究和创新比材料力学复杂，仅仅通过纸面的计算并不能完成准确的设计，除了通过计算机软件来模拟和仿真之外，通常还可以采用借鉴、试验等方法来找到合理、合适的结构形式。在实验条件不充分的情况下，一些简单的方法和常见的材料便能够完成很巧妙的力学实验。简单的材料通过良好的设计就能够实现非常好、令人叫绝的力学结构。这个时候结构的重要性就超过了材料的重要性，会让大家深刻意识到力学结构的重要性。实际操作中，天然材料和人造材料都可以作为实验材料，各自取长补短，互为补充。

力学实验本身也可以再设计，设计应用中的力学实验不一定要达到很精确的结果，往往只需要通过感性的认知来验证设计灵感，以及找到问题的所在，能够在后续的设计工作中和相关的专业人员进行沟通和交流，让自己的设计"作品"最终达到真正的工程化的要求（图3-36）。

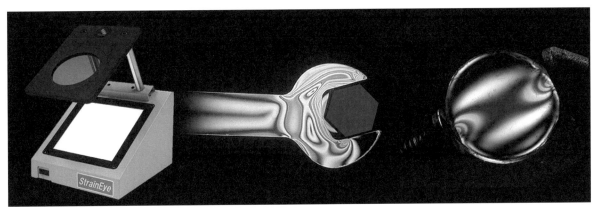

图 3-33 光学应力测试
光学应力测试是利用偏振光原理来检测透明塑料制品及其他透明制品（模型）的形变，通过特定的光学效应产生图像，显示出内部应力场分布和外应力影响点，指明分子取向，预示制品受力脆弱点和涂装开裂倾向性。图线条的疏密表示了应力的分布情况，在尖角部分可以观察到明显的应力集中。光学应力实验比制品应力的有限元算法更加快捷、直观，特别对于复杂形态的产品更具优势。此外有限元分析需要用到计算机辅助设计和需要大量的运算时间，精度越高，计算时间越长。

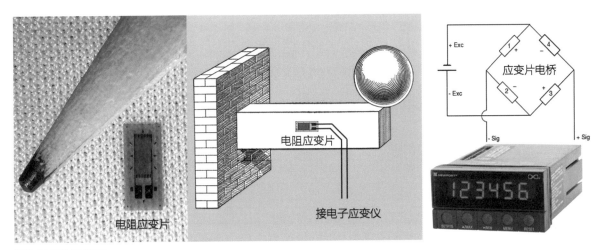

图 3-34 电学应变测量
电学应变测量利用到的是电子应变传感器，即电阻应变片，通过电阻应变片在形变过程中产生的微量电阻变化，在精确电桥的作用下通过比对得到形变量，然后通过计算得到应力大小。电阻应变片通过粘胶紧贴在制件表面，可以探测到制品在外力作用下的微小形变。
电学应变测量的缺点在于不够直观，并且测量结果为点数值，不容易测得连续变化的量，比如应力场，因此不容易对宏观的受力情况进行观测和把握，一般只能测量和校核数个危险点的应力值。

图 3-35 模型检测
用电子拉力计等设备可以直接读取力学构造的受力情况，也可以通过简易的方式获取载荷大小，通过横向比较判断构造的优劣。

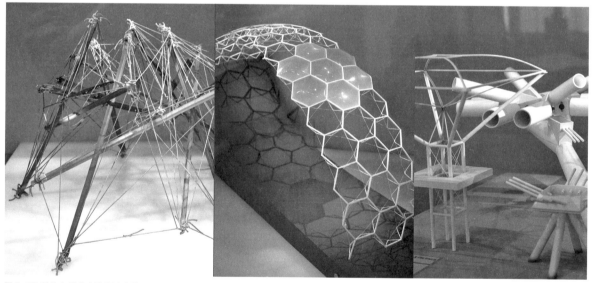

图 3-36 结构力学的实验研究方法
实验研究能为鉴定结构提供重要依据，这也是检验和发展结构力学理论、计算方法的主要手段。实验研究分为三类：模型实验、真实结构部件实验、真实结构实验。

○ 3.2.2 力学的仿生与创新

我们观察自然界中的天然结构，如植物的根、茎和叶，动物的骨骼、蛋壳，可以发现它们的强度和刚度不仅与材料有关，而且和它们的形态及显微结构有密切的关系（图 3-37）。人们在结构力学研究的基础上不断创造出新的结构形式，其中很多工程力学结构就是受到天然结构的启发而研发出来的（图 3-38 至图 3-40）。当然，单一的结构有时候并不能完全达到使用需求，很多时候是好些微结构综合起来应用，比如加劲肋、夹层结构，它们都是比较成熟的结构，它们的强度和刚度都得到了使用的验证。

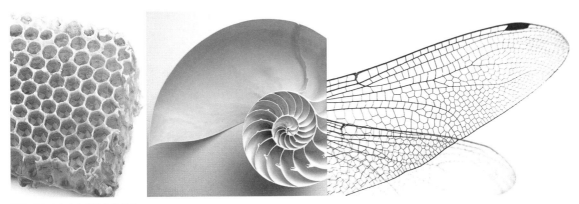

图 3-37 来自大自然的力学结构

以蜂巢结构为例，蜂巢由一个个排列整齐的六棱柱形小蜂房组成，每个小蜂房的底部由 3 个相同的菱形组成，这些结构与近代数学家精确计算出来的菱形钝角和锐角完全相同，是最节省材料的结构。蜂巢结构是比较典型的结构力学的应用，一般可以应用在纸板、包装箱、建筑和家具夹层等地方，也可以利用来完成更大的工程结构。人们仿其构造用各种材料制成蜂巢式夹层结构板，其强度大、重量轻、不易传导声音和热，是建筑及制造航天飞机、宇宙飞船、人造卫星等的理想材料。蜂巢结构的优点在于节省材料，能够以简单重复的构建方式进行扩充，这是人们利用这种结构的出发点。

图 3-38 细微结构的仿生应用

一些植物的种球外生有倒钩结构，把这种结构的原理应用到织物上，便做成了"万次贴"。植物种子利用自己的"万次贴"随着动物皮毛到处播种，人类的"万次贴"则成了很成熟很强大的日用品。

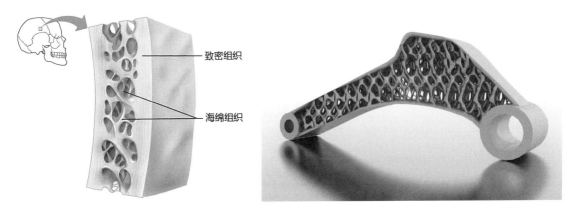

图 3-39 显微组织的仿生应用

动物骨组织承担着肌体的重量和持续的运动冲击力，对骨骼的力学要求非常高，然而骨组织也不是一味地堆砌成骨材料，而是把成骨材料合理地安排到各个地方。骨组织的基本结构是由致密的外部组织和中空的海绵组织构成。海绵组织的有机结构看似随意，但其实是经过长期运动过程的锤炼，相关成骨细胞会根据肌体的运动强度与骨骼的受力形式进行调整，因此海绵组织疏密有间，并不是随意而杂乱的。人造物毕竟没有生物这么多精细的"工程师"去规划每一个海绵泡泡，但是基本的排列和疏密规律是可以遵循的。

图 3-40 来自黏菌的馈赠
大自然中某些地衣植物和黏菌有些共同的特点，它们可以在有限空间和有限资源的前提下，通过自己的生长，规划合理而非常节省的路径，让组织结构合理地触碰到营养物质，绝不浪费任何一次和外部资源整合的机会，最终使得它们的机体让人类看来就成了不可描述的神秘构造。如果非要用一个词来形容，我觉得可以是"有机"。
在力学结构中，利用大自然有机的概念，我们也可以试着用非常节约的原材料，把整个空间的力学架构做到极致，除了满足基本的使用需求，形态上可以做到更加天然，"如同长出来的一样"。

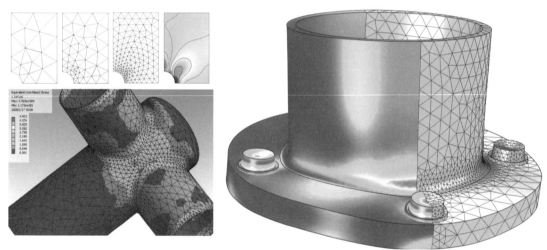

图 3-41 力学结构的有限元分析
图为计算机辅助有限元分析过程中的分割过程以及通过色彩来表现整个模型的应力场，红色一般为高危区。对连续模型进行分割后，离散成有限个元素（单元）的集合，元素越密集则越逼近真实值，然而运算更复杂；对于梁来讲，离散可以理解为实心梁的掏空过程；连续体离散成三角形元素，可以通过简单的算法来进行；对于越是复杂的形态，有限元法越具有优势。

○ 3.2.3 力学中的有限元分析

材料力学的研究范畴多以杆件或壳状结构为主，对于不能抽象为杆件的空间结构或连续变化的异形结构，需要用到更为复杂的研究和算法。前面提到的有限元法就是一种高效能、常用的数值计算方法。它能够用有限个单元将连续体（如力学中的任意形态，而不仅仅是杆件）离散化，通过对有限个单元作分片插值求解各种力学问题，并且能够通过直观的图形将计算结果呈现出来（图 3-41）。

有限元法在力学的应用中沿用了数学的有限元法，具体的分析和计算过程是在计算机软件中完成的，其具体步骤大致如下：

首先是剖分，即将待解区域进行分割，离散成有限个杆件结构单元（把连续体转化为容易计算的桁架结构）。单元的形状原则上是任意的，如三角形、四边形、六面体等，二维问题一般采用三角形单元或矩形单元，三维空间可采用四面体或多面体等。每个单元的顶点称为节点。

其次是单元分析，进行分片插值，将分割单元中任意点的未知函数用该分割单元中形状函数及离散网格点上的函数值展开，即建立一个线性插值函数。

最后是求解近似变分方程，得出结果。每个结构单元的场函数是只包含有限个待定节点参量的简单场函数，这些单元场函数的集合就能近似代表整个连续体的场函数。根据能量方程或加权残量方程可建立有限个待定参量的代数方程组，求解此离散方程组就得到有限元法的数值解。

3.3 练习与实践

○ 3.3.1 课后练习

在学习完成工程力学基础后，通过设计并动手制作力学模型验证力学理论和已知结论。首先我们对结构力学知识进行一个简单的小结（图3-42）。

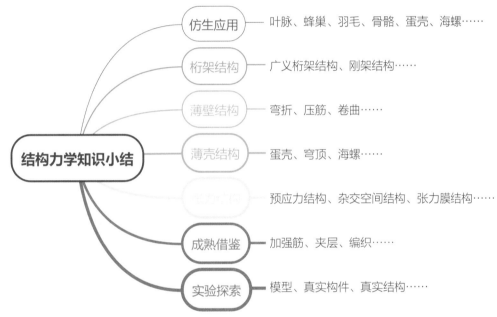

图3-42 结构力学知识小结

接下来可以分组讨论和实践以下作业：

1.以市面上出售的PVC电线管或铝合金型材为构件，搭建实用的简单家具，体验其力学性能。

2.以模型验证薄壁结构的力学性能。模型可以用廉价和易得的材料，比如普通纸张、卡纸、包装纸等，搭建实用的简单家具等，体验其力学性能。

3.检索美国纽约世贸大楼的整体倒塌案例，从工程力学和材料应用的角度分组辩论其倒塌是否属于设计原因。

4.以易拉罐的壳体为原料，裁剪后用硬物碾压，利用金属的延展性来完成薄壁结构的塑性变形，观察和体验各种不同结构的力学性能。

5.拆解各种纸包装，观察纸结构的二维关系到三维的转换关系，并从节约材料的角度分析纸包装的合理性。

6.尝试利用数控铣床或广告精雕机来加工塑料厚板材，用市售薄木皮来模拟胶合板的制作。黏合剂可以用环氧树脂或聚醋酸乙烯酯（白乳胶），交错黏合后压实，用木工夹固定并静置，固化后脱出制品。切割、打磨。

○ 3.3.2 桥梁模型设计与制作

以模型验证结构力学中各种典型结构的力学性能。模型可以用廉价和易得的材料，比如烧烤竹签、竹牙签、废纸等（图3-43）。国外有兴趣组采用意大利面条来构建桁架结构，其实践效果也非常明显。

验证实验以节约材料为主要目的，兼顾力学性能和审美需求，通过荷重比（也叫载重比，即载重和自重之比值）来决定性能优劣，荷重比越大，力学结构越优秀。

作业要求（参考）：

1. 以 2~3 人组成设计团队设计并制作桁架结构、薄壁结构、薄壳结构和张力结构的桥梁模型（四选二）；

2. 桥梁要求用非金属材料制作；要求是单跨桥，跨度 >1000 mm；桥梁总长不限，宽度不限；桥梁总质量 < 500 g；

3. 查阅资料，绘制桥梁草图和效果图；

4. 用小模型验证设计数个方案，通过手压等方式考察受力情况，筛选确定最终方案；

5. 根据效果图和小模型绘制工程图；

6. 确定各构件尺寸并根据构件尺寸购买原材料；

7. 制作桥梁模型，桥墩可以通过粘接等方式固定在桌面或地面上，固定结构不计本重；

8. 设计并实施荷重比实验，得出实验结果；

9. 作业评分要求：荷重比 40%；桥梁外观主观评价 20%；图纸完成情况、模型施工过程规划和团队精神 20%；模型整体做工质量 10%；设计创新 10%。

10. 此外，跨度和总质量如果不符合要求则视为整体不合格，需要重新设计并制作。

在设计和在动手验证设计的过程中需要把握以下关键点：

1. 设计之前查阅相关资料，吸取优秀设计案例的优点；

2. 从设计草图入手，制作模型验证之前必须绘制完成标准工程图纸；

3. 在完成 1：1 模型之前需要制作 1：5 等比例的小模型来验证设计（图 3-44），通过人工施压来观察应变，以调整设计方案，并快速筛选出符合要求的设计草案；

4. 充分观察并掌握所使用的材料，比如竹篾条的韧性、各向异性等；将其应用到设计方案中去，比如可以将篾条弯曲成弧线；

5. 规划好施工作业方案，确定先做什么后做什么，组员之间怎么配合，避免施工缺陷，杜绝返工；

6. 作业团队组员分工合作，各有侧重，最终输出合格的设计作品并通过检验。

图 3-43 力所能及的力学应用
秉着学习和创新的精神，在力学和设计的基础上可以给需要的地区带去设计的力量，也是学习和应用力学、设计方法的很好方式。

图 3-44 课堂小比例模型实践案例
小模型的制作完全可以因地制宜，以身边容易获得的材料为主，比如竹签、塑料棍、纱线、尼龙布等，但同时也可以尝试一些新的材料和工艺，比如用 3D 打印笔来制作模型和利用激光雕刻薄板。

第 4 章
产品中的流体力学和
空气动力学

汽车在地面上行驶，速度达到一定值后，空气对汽车行驶的性能影响非常明显；船在水面上行驶，水的性质大大影响了船开行的速度。设计交通工具时，如果不考虑流体力学的影响是不可想象的，运动速度快的产品比如飞机，运动速度慢的例如自行车，都需要考虑流体力学。

好的流体力学应用给交通工具带来高速度，同时使得行驶更加安全，更加平稳和舒适。好的流体力学设计会减少能源消耗，减少噪声。从这个角度讲，好的流体力学设计又如同进行了一次绿色设计的实践。

4.1 流体力学认知

○ 4.1.1 流体和流体力学

流体是气体和液体的总称。对产品而言，流体指的就是空气和水。

流体力学就是研究流体对机械运动的影响规律的科学，是力学的一个独立分支。

认知流体力学需要从一些现象入手，从实践入手，甚至可以从古人那里学到一些流体力学和空气动力学的知识。玩具竹蜻蜓就是最简单的动力飞行器；风筝是最古老的飞行器，直到现在放风筝都是老少皆宜的运动；古老的系统工程都江堰，在实践中遵循了流体力学的经验知识，已经造福了人类上千年（图4-1）；公元前214年凿成通航的广西灵渠，也是成功利用流体力学非常典型的工程案例之一。

空气动力学是流体力学的一个分支，它的主要目的是研究空气中机械运动的规律。之所以把空气动力学独立出来，是因为空气非常特殊。物体在空气中运动，从缓缓移动到高速飞行，其速度跨度非常大，运动情形各异，需要专门进行研究。

○ 4.1.2 流体力学现象

以下是流体力学相关的几个物理现象、物理量：

层流：平缓匀速流动的流体。根据运动的相对性，当物体在流体中运动时，可看作物体本身静止，而周围的流体在相向作运动。这时候我们就可以把流体看作层流。

图4-1 流体力学的应用
都江堰由分水鱼嘴、飞沙堰、宝瓶口等部分组成，各个部分组成了有机的整体，两千多年来一直发挥着防洪灌溉的作用，使成都平原成为水旱从人、沃野千里的"天府之国"。都江堰是迄今为止世界范围内年代最久远、唯一留存、以无坝引水为特征的宏大水利工程，是工程史上一颗璀璨的明珠。

湍流：流体的流动发生了紊乱，这种现象可以在高速流体中的物体边缘或尾部观察到。湍流带来能量的损失和对运动物体不平衡的反作用，在运动中是有害的。

黏度：流体具有黏度，不同的流体黏度不一样，比如沥青的黏度就比水的高。黏度不同的流体对运动的影响也不同。

流谱：通常是用试验手段产生谱线，用于描述流体的流动状况（图 4-2）。通过对流谱的研究，可以了解产品周围的流态与涡系情况，指导整个产品气动造型与局部气动优化。

风洞：利用动力装置在管道中产生可以调节的气流来模拟大气流场的状态，以供进行空气动力学试验的管道装置。

流场：流体运动所占据的空间，通常用于直观研究流体力学（图 4-3）。在一个流场里，速度、压强等都会发生变化。在飞行的情况下，是由飞行器的运动造成的；在风洞实验里，则是由模型对气流产生扰动造成的。流场是某一时刻气流运动的空间分布，是用欧拉法描述的流体质点运动，其流速、压强等函数定义在时间和空间点坐标场上的流速场、压强场等的统称。

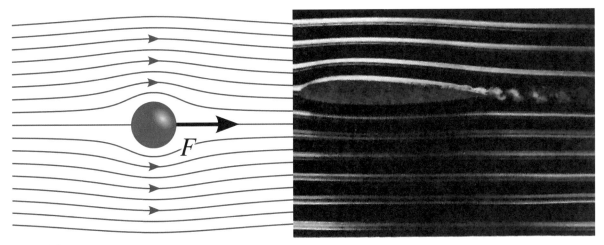

图 4-2 流谱
流谱是实验模拟或根据流体力学现象绘出同一瞬时各空间点的一簇流线，流谱用于描述整个流场的流动图像。流谱可以用于直观地展现和观察流体力学相关的现象。

图 4-3 流体力学研究与应用
科研人员在运动员菲尔普斯的训练中使用到流体力学原理，利用数字粒子图像技术来研究流场，提高了比赛成绩。以外，菲尔普斯能在比赛中大放异彩还得益于"新鲨鱼皮"游泳衣，它采用了先进的流体力学的仿生学研究成果，该成果借鉴了鲨鱼体表密布的细小而特别的鳞片特征。

4.2 空气动力学发展与研究

○ 4.2.1 空气动力学的发展简史

最早对空气动力学的研究，可以追溯到人类对鸟或弹丸在飞行时的受力和力的作用方式的种种猜测。随后，在17世纪后期，荷兰物理学家惠更斯估算出物体在空气中运动的阻力；1726年，牛顿应用力学原理，得出在空气中运动的物体所受的力正比于物体运动速度的平方和物体的特征面积以及空气的密度，这一结论可以看作是空气动力学经典理论的开始。1755年，数学家欧拉得出了描述无黏性流体运动的微分方程，即欧拉方程。这些微分形式的动力学方程在特定条件下可以积分，得出很有实用价值的结果。19世纪上半叶，法国的纳维和英国的斯托克斯提出了描述黏性不可压缩流体动量守恒的运动方程，后被称为纳维-斯托克斯方程，经典流体力学的基础已经形成。20世纪以来，随着航空事业的迅速发展，空气动力学便从流体力学中发展出来并形成力学的一个新的分支。

航空要解决的首要问题是如何获得飞行器所需要的举力、减小飞行器的阻力和提高它的飞行速度，这就要从理论和实践上研究飞行器与空气相对运动时作用力的产生及规律。1894年，英国的兰彻斯特首先提出无限翼展机翼或翼型产生举力的环量理论，以及有限翼展机翼产生举力的涡旋理论等。但兰彻斯特的想法在当时并未得到重视。在1901年左右，库塔和儒科夫斯基分别独立地提出了翼型的环量和举力理论，并给出举力理论的数学形式，建立了二维机翼理论。1904年，德国的普朗特发表了著名的低速流动的边界层理论，该理论指出在不同的流动区域中控制方程可有不同的简化形式。边界层理论极大地推进了空气动力学的发展。普朗特还把有限翼展的三维机翼理论系统化，创立了有限翼展机翼的举力线理论，但它不能适用于失速、后掠和小展弦比的情况。1946年美国的琼斯提出了小展弦比机翼理论，利用这一理论和边界层理论，可以足够精确地求出机翼上的压力分布和表面摩擦阻力。

近代航空和喷气技术的迅速发展使飞行速度迅猛提高。在高速运动的情况下，必须把流体力学和热力学这两门学科结合起来，才能正确认识和解决高速空气动力学中的问题。在高速流动中，流动速度与当地声速之比是一个重要的无量纲参数。1929年，德国空气动力学家阿克莱特首先把这个无量纲参数与马赫的名字联系起来，马赫数这个特征参数在气体动力学中广泛引用。

小扰动在超声速流中传播会叠加起来形成有限量的突跃，即激波。在许多实际超声速流动中也存在着激波，气流通过激波流场，参量发生突跃，熵增加而总能量保持不变。英国科学家兰金在1870年、法国科学家许贡纽在1887年分别独立地建立了气流通过激波所应满足的关系式，为超声速流场的数学处理提供了正确的边界条件。对于薄翼小扰动问题，阿克莱特在1925年提出了二维线化机翼理论，以后又相应地出现了三维机翼的线化理论。这些超声速流的线化理论圆满地解决了流动中小扰动的影响问题。

在飞行速度或流动速度接近声速时，飞行器的气动性能发生急剧变化，阻力突增，升力骤降，飞行器的操纵性和稳定性极度恶化，这就是航空史上著名的声障（图4-4）。为了提高飞机的速度，必须冲破声障。为此，科学家改进飞机的外形，将机翼做成薄的菱形或三角形，同时将机身和机翼前缘做成尖形，并使机翼后掠，整个飞机变成箭头形。通过一系列改进，飞机终于顺利地穿过空气墙。1947年人类首次实现超声速飞行，现代一些先进的喷气式飞机飞行速度已经是声速的两倍甚至三倍。大推力发动机的出现冲过了声障，但并没有很好地解决复杂的跨声速流动问题。20世纪60年代以后，由于跨声速巡航飞行、机动飞行，以及高效率喷气发动机的发展要求，跨声速流动的研究更加受到重视，并有很大的发展。

远程导弹和人造卫星的研制推动

图4-4 飞行器与声障
图为飞行器突破声障时的"白烟"现象，当速度达到一定值后，飞机快速运行过程中造成周围空气被剧烈压缩，使得一部分空间中的气体压强大到空气被液化水平。这些液化后的空气不透明，呈烟雾状，看上去就是"白烟"。

了高超声速空气动力学的发展。20 世纪 50 年代，确立了高超声速无黏流理论和气动力的工程计算方法。60 年代初，高超声速流动数值计算也有了迅速的发展。通过研究这些现象和规律，发展了高温气体动力学、高速边界层理论和非平衡流动理论等。

由于在高温条件下会引起飞行器表面材料的烧蚀和质量的引射，需要研究高温气体的多相流。空气动力学的发展出现了与多种学科相结合的特点。

空气动力学发展的另一个重要方面是实验研究的发展，包括风洞等各种实验设备的发展和实验理论、实验方法、测试技术的发展。世界上第一个风洞是英国的韦纳姆在 1871 年建成的。到今天适用于各种模拟条件、目的、用途和各种测量方式的风洞已有数十种之多，风洞实验的内容极为丰富。

20 世纪 70 年代以来，激光技术、电子技术和电子计算机的迅速发展，极大地提高了空气动力学的实验水平和计算水平，促进了对高度非线性问题和复杂结构的流动研究。

除了上述由航空航天事业的发展推进空气动力学的发展之外，20 世纪 60 年代以来，由于交通、运输、建筑、气象、环境保护和能源利用等多方面的发展，使工业空气动力学等分支学科得以迅速发展。

○ 4.2.2 空气动力学的研究内容

通常所说的空气动力学研究内容是飞机、导弹等飞行器在各种飞行条件下，流场中气体的速度、压力和密度等参量的变化规律，飞行器所受的举力和阻力等空气动力及其变化规律，以及气体介质或气体与飞行器之间所发生的物理化学变化及传热、传质规律等。

根据流体运动的速度范围或飞行器的飞行速度，空气动力学可分为低速空气动力学和高速空气动力学，通常以 400 km/h 这一速度作为划分的界限。根据流动中是否必须考虑气体介质的黏性，空气动力学又可分为理想空气动力学和黏性空气动力学。此外空气动力学中还有一些边缘性的分支学科，例如稀薄气体动力学、高温气体动力学等。

在低速空气动力学中，介质密度变化很小，可视为常数，使用的基本理论是无黏二维和三维的位势流、翼型理论、举力线理论、举力面理论和低速边界层理论等；对于亚声速流动，无黏位势流动服从非线性椭圆形偏微分方程，研究这类流动的主要理论和近似方法有小扰动线化方法、普朗特 - 格劳厄脱法则、卡门 - 钱学森公式和速度图法，在黏性流动方面有可压缩边界层理论；对于超声速流动，基本的研究内容是压缩波、膨胀波、激波、普朗特 - 迈耶尔流动、锥型流等，主要的理论有超声速小扰动理论、特征线法和高速边界层理论等；高超声速流动的主要特点是高马赫数和大能量，在高超声速流动中，真实气体效应和激波与边界层相互干扰问题变得比较重要。

工业空气动力学主要研究在大气边界层中风同各种结构物和人类活动间的相互作用，大气边界层内风的特性、风对建筑物的作用、风引起的质量迁移、风对运输车辆的作用和风能利用，以及低层大气的流动特性和各种颗粒物在大气中的扩散规律，特别是湍流扩散的规律等。因此工业空气动力学也是环境科学研究的内容之一。

○ 4.2.3 空气动力学的研究方法

空气动力学的研究，分理论和实验两个方面，两者密切结合，相辅相成。

理论研究中，运动学方面，遵循质量守恒定律；动力学方面，遵循牛顿第二定律；能量转换和传递方面，遵循能量守恒定律；热力学方面，遵循热力学第一和第二定律；介质属性方面，遵循相应的气体状态方程和黏性、导热性的变化规律等。

实验研究则是借助实验设备或装置，观察和记录各种流动现象，测量气流同物体的相互作用，发现新的物理特点并从中找出规律性的结果。随着近代计算机的迅速发展，数值计算在研究复杂流动和受力计算方面起着重要作用，高速计算机在实验研究中的作用也日益增强。因此，理论研究、实验研究和数值计算三方面的紧密结合是近代空气动力学研究的主要特征。

在空气动力学的研究过程中，首先通过实验和观察，对流动现象和机理进行分析，提出合理的力学模型。其次根据上述几个方面的物理定律，提出描述流动的基本方程和定解条件。然后根据实验结果，再检验理论分析或数值结果的正确性和适用范围，并提出进一步进行深入实验或理论研究的问题。通过不断反复、广泛而深入的研究来揭示空气动力学问题的本质。

4.3 空气动力学和产品设计

○ 4.3.1 空气动力学设计应用

空气动力学在产品设计中的应用，一般来讲是针对运动的产品，比如交通工具和体育用品（图4-5至图4-7）。

○ 4.3.2 汽车设计和空气动力学

1900年至1930年期间，汽车的空气动力学应用处于基本形状造型阶段，注意了空气动力学的一些特性，因而直接将水流和气流中发现的一些意象元素应用在了车身外形设计上，典型例子有类似飞艇形状的汽车。接下来出现了汽车车身的流线型化造型风格，这种"流线型"带有仿生设计的雏形，它借鉴了甲壳虫外形，同时也借鉴了成熟的船体造型，因此在降低空气阻力方面取得了很好的效果，然而当初流线型的应用其本质上并不是为了解决低速交通工具的空气阻力问题。此后的设计师逐渐抛弃了以空气动力学为原型来匹配的先入为主的设计理念，还是以民

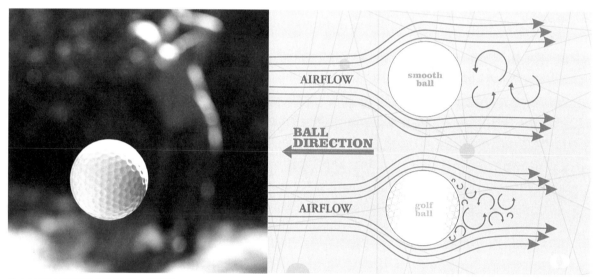

图4-5 高尔夫球运动中的空气动力学原理

高尔夫球的形状是空气动力学研究的成果之一。高尔夫球表面有意制造了许多的凹痕，这与球体绕流的湍流转捩及分离流现象有关。当光滑球体绕流时，层流边界层较易发生流动分离现象，球体迎面形成高压区，背面形成较大的低压区，压差就产生很大的阻力，简称压差阻力。光滑表面形成的压差阻力使球体飞行的距离短。而球体表面有凹痕时，凹痕促使湍流转捩发生，湍流边界层不易发生流动分离现象，从而使球体背后的低压区小，减少了阻力。高尔夫球表面的小突起，也能起到促使气流分离的作用，但突起对流动的干扰有些难以控制，造成一些侧向力或升力。高尔夫运动中，击球产生的合适的升阻比会使飞行距离增大，而不同的旋转方向会造成"香蕉球"的效果。

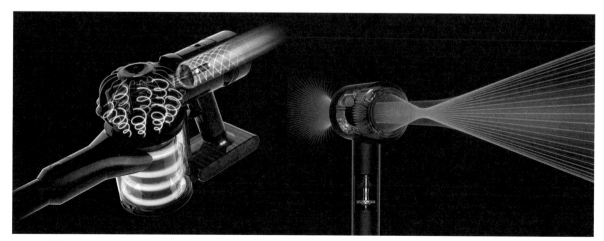

图4-6 空气动力学和产品设计

戴森公司作为一家以工程创新为核心的产品生产企业，其对产品的功能结构原理做了很多研究性的工作，其中对产品中高速气流的动力学研究尤为突出，使之在产品设计和市场竞争中占尽先机。图为戴森品牌的吸尘器和吹风机的气体流动演示图，它以直观的形式向用户传达了深奥的空气动力学，解释了产品最本质的功能原理。

俗化的审美为出发点进行汽车造型设计，之后对车身造型的细节如圆角半径、曲面弧度、斜度及扰流器等逐步或同时进行修改，控制或防止气流分离现象的产生，以降低空气阻力。现代汽车的设计理念趋于成熟，首先会确定一个符合总体气动布局要求的理想低阻形体，然后在这个基础上进行造型设计。整个设计会严格在不改变其整体流场的条件下进行调整，最终会具备低空气阻力系数的造型。

我们知道，空气阻力是汽车行驶时所遇到的最大的也是最主要的外力。

空气阻力系数，又称风阻系数，风阻系数 Cd 是衡量一辆汽车受空气阻力影响大小的一个标准。它是通过风洞实验和下滑实验所确定的一个数学参数，用它可以计算出汽车在行驶时的空气阻力。风阻系数越小，说明它受空气阻力影响越小，反之亦然。风阻系数越小越好。一般车辆在前进时，所受到风的阻力主要来自前方，风阻对汽车性能的影响甚大，包括安全性能。一般来讲，大多数轿车的风阻系数在 0.28 ~ 0.40 之间，流线性较好的跑车，其风阻系数可低至 0.25，一些赛车甚至可获得低至 0.15 的风阻系数（图 4-8）。

一、风阻系数与汽车油耗的关系

降低风阻系数，对降低汽车的燃料消耗有重要的实际意义。

图 4-7 空气动力学和产品创新设计
图为四川美术学院段胜峰、敖进设计的作品"风助力摩托车"。本设计是以风能为动力，辅助普通内燃机或电动机来实现运载功能。在这款设计中，以环保和可持续发展为出发点，以再生能源为切入点，整合了成熟的风帆和摩托车技术，并在外形和功能上加以糅合，最终诞生了以风为助力的交通工具。这个设计大胆地将帆船的力学原理和摩托车结合起来，整车底盘很低、轮距很大，以抗衡风力带来的翻转力，同时在电脑的控制下，风帆可以跟帆船一样获得源源不断的动力。

图 4-8 风洞及其应用
图为 1991 年 Mercedes-Benz C 112 的风洞试验过程。风洞是空气动力学研究和试验中广泛使用的工具，广泛用于研究空气动力学的基本规律，以验证和发展有关理论，并直接为各种交通工具的研制服务。工程师通过风洞实验来确定飞行器的气动布局和评估其气动性能，设计新的飞行器必须经过风洞实验。因为风洞的控制性佳，可重复性高，现今广泛用于汽车空气动力学和风工程的测试，譬如结构物的风力荷载和振动、建筑物通风、空气污染、风力发电、环境风场、复杂地形中的流况、防风设施的功效等。

有关测试显示，当一辆车以 80 km/h 的速度前进时，大约有 60% 的燃油消耗量是用来克服风阻的。而风阻系数每下降 10%，燃油消耗量大约可节省 7%。因此，我们在设计上追求理想的车身曲面形态，它可以有效降低车辆的风阻系数，从而减少燃油消耗。近似流线型的车身可以减少空气阻力，获得理想的低风阻系数。在设计汽车时，车身的曲面形态的好坏不能忽视，因为它直接影响车的油耗。

二、汽车风阻系数与安全性

与风阻有关的空气动力学特性方面，除了车身形态尽量符合流线型以外，还要兼顾底盘下部空气流动的顺畅性，这属于车身空气动力学的内容，而空气动力学对于车辆的稳定性和安全性有密不可分的关系。

好的车身具有较小的风阻系数，这种好的空气动力学结构，除了可以减小纵向空气阻力，还可以减轻侧向气流对汽车的影响。通过合理的设计，行驶中的汽车在车身曲面和流动空气的共同作用下可以产生向下的压力，提升汽车高速行驶的操控性，确保汽车的稳定性和安全性。

三、改善汽车空气动力性能的设计

根据大量的设计实践，设计师和工程师得到了一些改善汽车空气动力性能的设计经验，分别如下：

1. 汽车头部的平面和侧面形状轮廓线、头部与前风窗下缘的交接处、前风窗顶部与顶盖的交接处以及前风窗两侧的拐角等过渡区域都应当尽量圆滑；

2. 车头前端应尽量低矮；

3. 汽车车身的后部采用逐渐缓慢收缩的长尾式（如三厢车比两厢车空气动力性能优秀）；

4. 汽车纵向的最大横截面不宜过分地前移，以降低影响汽车安全性的升力系数；

5. 汽车的底部形状最好采用大体平顺的底板，以减少升力；

6. 厢体之间的过渡平滑，尽量避免形状的突变；

7. 酌情加装前部扰流器和后部扰流器；

8. 货车车头和车厢之间加装导流罩或隔离装置。

4.4 练习与实践

流体力学和空气动力学在工程技术中都处于比较前沿的位置，对于设计师而言，几乎谈不上掌握，因此只能从一些现象当中去理解流体力学和空气动力学，以求在产品设计的具体过程中不至于犯错误。同时可以从设计思维的角度去实践这两门力学，借鉴大量的案例去启发自己，发散自己的思维。而涉及比较具体的计算、分析等工程技术的设计过程时，则需要交由相关的技术人员去完成。

然而流体力学和空气动力学又是跟产品的外形相关联的，甚至从产品造型上出现过"流线型"这一造型语言，当代又有"新锋锐"与"流体雕塑"等和空气动力学相关的造型语言出现。其实这都是在探索产品外形和运动的关系，找寻运动和力量的关系，也在找寻造型语言和科技元素之间的或多或少的那么一点儿联系，以增加自己产品外形设计的科技附加值。从这点来讲，设计师其实也是在努力用设计语言去表达科技，去完成工程师不敢去尝试的事情。

除此以外，我们还可以通过如下练习，增加我们的流体力学和空气动力学知识和设计技能一是尝试利用不同材料制作不同尺寸的传统空气动力学玩具，如竹蜻蜓和风筝，对比不同材质和不同尺寸下玩具的表现；二是尝试找出传统汽车"流线型"造型和现代竞速车辆外观造型的不同，用图片进行对比分析。

第 5 章

力学结构与造型设计

谈到"造型"，我们前面知道造型是砂型铸造过程中对模具的成型过程，这里指的是（产品、建筑等）形态创造或者说塑造。很多时候我们研究造型是从美学、设计学、民俗、用户等各个方面出发，很少有从工程角度对"造型"进行解读。然而由前面的学习我们知道，从工程技术的角度去看，整体结构、外观呈现等方面的设计有很多来自工程技术的限制因素，工程技术、自然原理一定程度上是造型成功与否的充要条件。本章节就此提出与工程技术相关的几个方面对造型设计开展进一步的研究。

5.1 造型设计的"工程语言"

一般来讲，随着科技的发展，科技的方方面面会影响到人们的生活，并且以工程语言的形式体现在各种作品当中，比如日用产品、科幻小说、影视作品和武器等方面。

以科幻影视作品为例，20 世纪 20 年代的电影中，机器人的形象多以铁皮材料为主，以冲压成型和铆钉连接的方式构成，并且看不出来其运动的具体方式，或者是以夸张蒸汽朋克的形式出现，巨大的机器、巨大的冒着蒸汽的外燃机、铸铁的身体，诸多不可抗拒的机器的恐怖力量形成的造型；到 20 世纪 50 年代变化到以合金材料为主，以电机驱动或以内燃机驱动，如果需要飞行则是以喷气式发动机来完成；到 20 世纪 90 年代发展到高级钛合金甚至是幻想中的液态合金为主要结构形式，以伺服电机为操控，以电脑来主控；目前影视中的机器人主要以智能化形态为主体，结构更加有机化，高科技的复合材料、合金材料和拟人的生物材料的使用比比皆是……因此可以看出来，工程语言对造型语言的影响是巨大的（图 5-1），而设计师或影视造型师倘若离开了工程知识的积累，其作品不会是切合时代的好作品。

以机器人为例，我们可以把工程语言的应用分为几个层次（或类别），它们以造型语言的方式影响了造型设计的方方面面。（表 5-1）

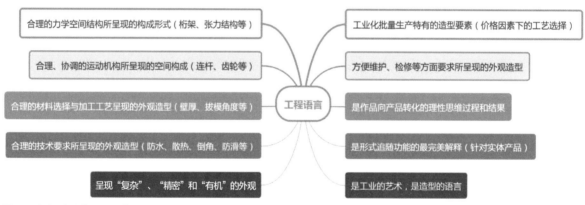

图 5-1 造型设计的"工程语言"

表 5-1

民间智慧型	儿童玩具型	科教玩具型	工业工作型	民用工作型
以简单机械装置为基础，对可动机器的外壳进行了设计	以简单机械装置为基础，配合声光电做成机器人玩具	以学习自动化控制和编程等为目的，了解一般机械原理	以实际性的可靠的操作为目的，外观来自实际机械结构	以实际性操作为目的，外观来自机械和人体结构

续表

装置艺术	早期影视艺术	现代影视艺术	科幻插画型	高科技插画型
出发点是形态与艺术，材质和结构等都只是艺术的载体	基于早期的工业生产和技术原理设计的道具机器人	基于 CG 科技和渲染为主的设计，有很强的可实现性	以故事场景为背景，机械结构等并不作为设计重点	以机械结构为要素进行设计创作

工程语言丰富的机器人设计

以真实的工程技术为依托，把机械结构、材质、生产工艺等各个细节刻画得非常合理，具有非常好的可实现性和视觉冲击力，是"工程语言"应用在设计中的成功范例

5.2 来自材料力学的工程语言

首先我们还是从一些力学现象和知识点来进一步认识设计过程中的力学问题。

○ 5.2.1 内力

材料力学所研究的对象是构件，而对于构件来讲，其他与之相邻的构件或物体对它的作用力均为外力。

那么，在外力的作用下，构件将发生形变，而形变使得构件内部各部分之间产生相互作用力，此相互作用力称为内力（图5-2）。也可以这样说，内力的存在是为了抵消作用在构件上的外力，而形变是外力和内力叠加后产生的变化。构件或物体由于外因而变形时，在物体内各部分之间产生相互作用的内力，以抵抗这种外因的作用，并力图使物体从变形后的位置回复到变形前的位置。

可以看出，内力是由外力引起的，内力将随外力的变化而变化。外力增大则内力也增大，外力撤除后，内力也将随之消失。而外力会产生于各种外界影响因素，比如温度变化形成的外力、（铸造等）零部件的自然时效形成的外力、材料的蠕变带来的外力等，这些外界影响因素产生的外力同样会诱发内力。

对于内力也可以这样理解，比如一个年代久远的青铜制品，如果忽略了重力的影响，那么它内部是不应该有宏观的力存在的。假如对此青铜器施加压力，那么青铜器受到挤压，会产生些许形变。虽然青铜制品体量大，材料坚

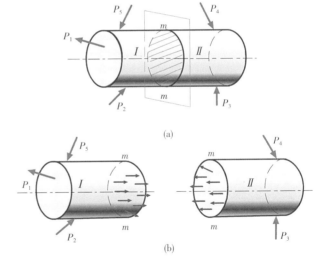

图5-2 内力

图为截面法求解内力。在外力平衡的情况下，用一假想平面假想截断受力件，如图（a），根据力的平衡条件，被截断的两段构件还是处于平衡状态，因此可以简单计算出截面上的力，这时候截面上的力即是内力，如图（b）。

固，些许外力对其影响并不显著，通常肉眼无法看到它的形变，但是形变毕竟是产生了。为什么青铜器会发生变形，是因为分子受外力的作用发生了挤压。分子之间的距离被压缩了，会产生一个向外的分子间作用力来和外力抵消，以保持力的平衡，也就是说保持静止。这个自发的、内部产生的力就是内力。

○ 5.2.2 应力

我们考察一个构件强度的时候，其内力越大则危险性越高，当内力达到一定值的时候，构件就会被破坏。但内力的大小并不能完整地反映一个构件的危险状况，比如对不同尺寸和形状的构件，其危险状况难以通过内力数值来进行比较。

比如粗杆和细杆，沿着轴线方向受到相同拉力的作用，会产生相同大小的内力。通过直觉我们可以判断细杆的受力状况更加危险，更容易被拉断，那么我们采用什么样的方法来科学合理地判断构件的受力状况，这就引入了应力的概念。

在所考察的构件的内部单位面积上的内力称为应力，也就是说应力就是内力的集度（集中程度）。那么可以看出来，细杆横截面面积较小，内力的集度反而较大，更少的材料要承受和粗杆相同的内力，因此细杆的危险状况更甚。

应力也就是物体内部某假想截面上内力的大小除以该假想截面的面积（图 5-3），这个面取得越小，描述得越精确，因为大多数情况下内力和应力的分布是不均匀的。而构件某一截面上某一点所受到的应力，除了大小还有方向，应力是矢量。不同形式的应力对材料的影响也不同，有产生剪切效应的，有产生扭转效应的等。同截面垂直的应力称为正应力或法向应力，同截面相切的应力称为剪应力或切应力。

应力这一物理量可以对应于压强，二者单位相同，原理类似，不过前者描述的是内力的影响，后者描述的是外力的影响。压强是构件表面单位面积外力的大小，是外力对该物体作用效果的描述；应力是构件内部的单位面积内力的大小，是内力对该物体作用效果的描述。

应力会随着外力的增加而增长，对于某一种材料，应力的增长是有限度的，超过这一限度，材料就要被破坏，因此考察应力的大小就等于考察了构件的危险状况。对某种材料来说，（受到破坏前）应力可能达到的这个限度称为该种材料的极限应力。极限应力值要通过材料的力学试验来测定。

将测定的极限应力适当降低，制定出材料能安全工作的应力最大值，这就是许用应力。材料要想安全使用，在使用时其内的应力应低于它的极限应力，否则材料就会在使用时发生破坏。

物体受力产生变形时，物体内各点处变形程度一般并不相同。用以描述一点处变形程度的力学量即是该点的应变。在具体的产品和产品构件中，应力和应变不是恒定值，是随着构件形态的变化而变化的。

有些材料在工作时，所受的外力不随时间而变化，这种载荷称为静载荷，而这时其内部的应力大小不变，称为静应力；还有一些材料，其所受的外力随时间呈周期性变化，这时内部的应力也随时间呈周期性变化，称为交变应力。材料在交变应力作用下发生的破坏称为疲劳破坏（图 5-4）。通常材料承受的交变应力远小于其静载下的极限应力。

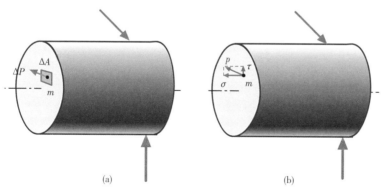

(a)   (b)

图 5-3 应力
图（a）为受力物体某一截面某一局部面 ΔA 所受到的内力 ΔP，将这个小面面积无限取小（即微分）到一个点 m，这时候点 m 上的力即应力 P。应力 P 是矢量，分解为两个方向，见图（b）。

图 5-4 疲劳破坏
在荷载反复作用下，结构构件母材和连接缺陷处或应力集中部位形成微细的疲劳裂纹，并逐渐扩展以致最后断裂的现象。它是一个累积损伤过程。结构细部构造、连接形式、应力循环次数、最大应力值和应力幅是影响结构疲劳破坏的主要因素。

○ 5.2.3 应力集中

前面已经提到，构件单位面积的内力就是应力。这里有两个前提，一个是构件假设为刚性构件，即其形变微小，微小的形变并不能影响其形态和功能；另外一个假设是构成构件的材料是均匀的，既没有各向异性，也没有杂质的存在。

一、应力集中的危害

既然构件的内应力并不是均匀分布的，那么在构件的局部存在着应力的最大值，如果这个最大值是由构件的结构形态所确定的，那么这个最大值就叫作应力集中（图 5-5）。换句话说，材料会由于截面尺寸改变而引起应力的局部增大，这种增大是被动的，不受外界影响，只受自身形态的影响。应力集中处的应力可以是周围材料的应力大小的数倍、数十倍甚至数百倍。

此外，当应力集中达到材料的特定值时，应力集中带来的破坏会陡然增加，外在看来就是材料的刹那间失效和破坏。材料在受到外力时，分子间距离改变，产生内力；外力增大，内力也跟着增大，这使得材料表现出一定的弹性，这是弹性形变；外力继续增大后，材料被拉长（或压缩），材料表现出塑性变形。但是当外力增加到一定的程度，分子间间距再也无法改变，再加大外力，必定会对材料造成永久性破坏。然而应力集中导致的断裂会没有这个过程（图 5-6）。

应力集中产生的地方，应力会限制集中点材料向周围的弹性形变，在集中点的塑性材料就可能向脆性材料的转变，因而造成局部的破坏，局部破坏会产生新的应力集中点，只要外力不撤除，一个点的应力集中会导致整个构件的破坏（图 5-7）。

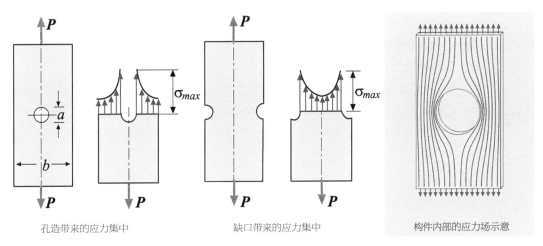

孔造带来的应力集中　　　　缺口带来的应力集中　　　　构件内部的应力场示意

图 5-5 应力集中
应力在构件内部并不是均匀出现的，通常应力会沿着构件进行分布，分布的形式和构件的构成形态有关。

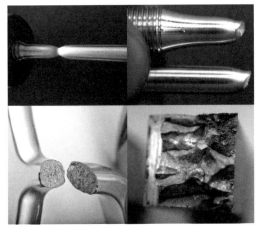

图 5-6 塑性断裂和脆性断裂现象
一般而言，金属材料在破坏断裂前会有一个拉伸拉长的过程（上图），但在特殊情况下会表现出脆性断裂，比如应力集中导致的瞬间断裂（下图）。

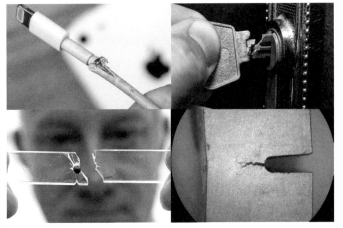

图 5-7 应力集中的破坏
我们可以一定程度上预见结构破坏产生的位置，这种位置常常就是应力集中所在的位置。

二、找到应力集中

应力何以被集中，是因为构件的几何形态、外观造型。因此，在设计过程中，不一定需要去计算，往往通过找到这些特殊的造型特征就可以对构件的力学性能进行一个大致的判断，比如有没有应力集中，应力集中的点多不多，应力集中带来的破坏是不是致命的等。

对于复杂形态的构件，可以通过有限元法结合应力场的分析来找到应力集中点（图5-8）。

对玻璃板的切割，最简单方法是用坚硬的金刚石或合金玻璃刀在玻璃表面刻下划痕，利用刻痕处产生的应力集中，用手掰或敲击即可折断，弯折时并不需要使用太大的力。划痕带来的应力集中是非常明显的，特别是对于脆性材料来讲。

三、化解应力集中

应力集中是应当避免的一项设计缺陷或工艺缺陷，如何做到避免应力集中，"化解"应力集中，有一定的规律可循，具体方法如下：

1. 工件做表面强化。在构件加工过程中可能产生表面的微裂纹，微裂纹也是一种应力集中，在交变应力的作用下裂纹会逐步扩大，最终产生疲劳破坏。金属材料回火不当引起的二次淬火裂纹、电火花线切割加工产生的显微裂纹等都属于引起应力集中的微裂纹，因此可以对材料表面作喷丸、滚压、氮化等处理，以提高材料表面的疲劳强度。

2. 避免尖角设计，采用过渡圆角。工程结构件中大量采用了圆润的倒角结构，构件各个特征元素之间的过渡，并不是生硬地连接在一起，而是通过形态的逐渐变化而结合在一起（图5-9）。

3. 改善构件外形。曲率半径逐步变化的外形有利于降低应力集中系数，比较理想的办法是采用流线型的型线或双曲率型线，后者更便于在工程上应用。型线是船体型表面及有关附体型表面的外廓线，投影线及与剖切平面的交线，可以延伸为其他产品外廓线等，如汽车外廓线、电子产品壳体外廓线、机械零件投影线。

4. 孔、洞、缺口等边缘局部加强。在孔边采用加强环或作局部加厚均可使应力集中系数下降，下降程度与孔的形状和大小、加强环的形状和大小以及载荷形式有关。

5. 调整开孔位置和方向。开孔的位置应尽量避开高应力区，并应避免因孔间相互影响而造成

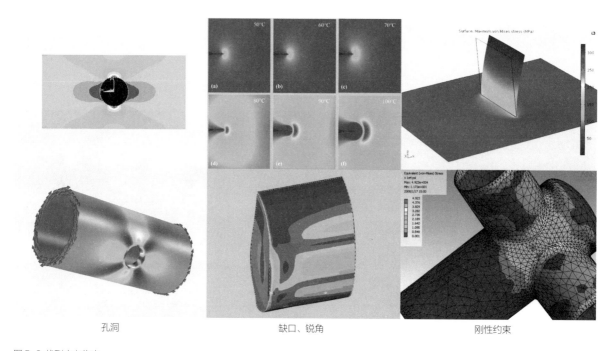

孔洞　　　　　　　　　　缺口、锐角　　　　　　　　　刚性约束

图5-8 找到应力集中

在构件的几何特征中，出现的孔、转折、变细、锐利、缺口、沟槽、刚性约束等，都可以理解为形态的突变，突变处往往会带来应力集中。如若构件被破坏，常常由这些几何特征开始。

应力集中系数增高。对于椭圆孔，应使其长轴平行于外力的方向，这样可降低峰值应力。

6. 提高低应力区应力，减小零件在低应力区的厚度，或在低应力区增开缺口或圆孔，使应力由低应力区向高应力区的过渡趋于平缓。

7. 利用残余应力。在峰值应力超过屈服极限后卸载，就会产生残余应力，合理地利用残余应力也可降低应力集中系数。

8. 刚性约束采用柔性连接替代。利用软材质、减震胶垫等结构可以实现柔性连接。

9. 刚性约束用分布式加强筋加强（图5-10）。

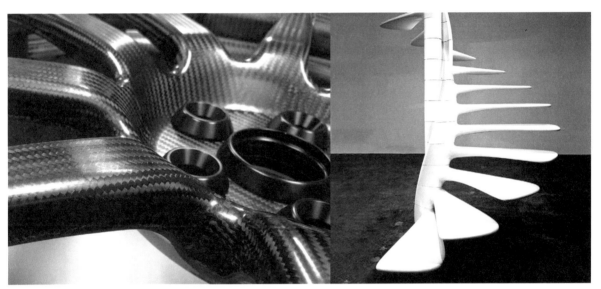

图5-9 化解应力集中（一）
圆角结构在所有的受力构件中都存在，圆角结构大大地减少了应力集中，不论是从产品本身来说，还是从生产此产品的模具或工具上来讲，都是这样。适当增大过渡圆弧的半径，化解应力集中的效果更好。

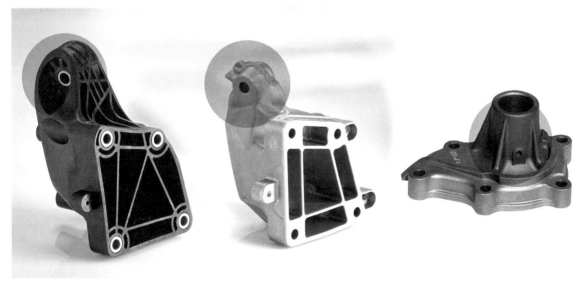

图5-10 化解应力集中（二）
将受力较大的轴套和底座之间的连接（刚性约束）采用分布式的结构进行加强，如周边均布加强筋、增加底座和轴套连接尺寸等（左图和右图，中图为左图未做加强筋结构之前的参考设计）。

5.3 来自结构力学的工程语言

除了材料力学的理论对外观造型有很大的影响之外，结构力学也从本质上对材料的应用、外观造型起到了非常大的作用，分别体现在材料的选择和构件的宏观构造形式上，不同的材料可能有对应的结构力学应用形式，同样不同的结构力学也只针对不同形式的材料。具体到物品的造型设计而言，结构力学带来的工程语言是很强烈的，甚至可以说是正确与否的问题，是"语法"的问题。

以桁架结构、薄壁折叠结构、薄壳结构和张力结构为例，我们对这种"工程语言"进行了研究与比对，具体内容见表5-2。

表 5-2 不同结构的工程语言

	桁架结构	薄壁折叠结构	薄壳结构	张力结构
原料状态	杆材、板材等	片材、板材	水泥、砂石、树脂、纤维等；片材；塑性板材	薄膜、绳索、杆材、其他弹性材料等
造型方式	切割、用铰链等连接方式形成三角形框架结构；镂空实体结构成型	剪裁、折叠、叠加、连接	浇注或手糊成型，固化；注塑、滚塑；增材制造；卷曲成型；拉深	切割、编织、拉伸、搭建，依靠张力连接
典型造型一				
典型造型二				
造型特点	快速、轻巧、省料；单调、无法做曲面造型	较快速；无法做曲面造型	胜任繁复曲面；周期长，需要胎具	极省料、材料表现丰富；施工难，系统易崩溃

由表格的内容我们可以看出，结构力学对于物品造型的影响是很广泛的。虽然我们前面尝试过应用结构力学的内容进行了一些力学应用方面的设计，然而还没有达到设计过程中使用它们时游刃有余的程度。要充分利用好这一门"语言"，除了多学习力学知识、积累大量的力学应用案例之外，对于材料自身的研究也是必不可少的，并不能为了实现某一个结构而强行利用不该利用的材料，这是违背科学原理的，最终会徒劳无功。

5.4 练习与实践

1. 以自己或他人的设计习作为例，观察身边的产品或产品的构件并作对比和分析，判别可能出现应力集中的部位或结构最薄弱部位，找出解决办法。

2. 做实验验证交变应力对材料强度的影响。

第 6 章
机器和机构

6.1 机械工程与设计

机械工程是典型的理工学科，而设计偏重的是创新、创意以及图形化思维与表达。然而我们也习惯将机械工程说成"机械设计"，究其本质来讲是研究机械的原理与如何工程实现。普通设计师如果没有工程背景，要想拿出一套行之有效的机械原理解决方案基本是不太可能的。但是我们可以从日常生活中的产品案例得到一些启示，或者根据自己的一些经验积累，比如从中小学开始就有很多的课外兴趣小组都会涉及机械工程的内容，形成一些粗浅的解决方案。

然而机械工程本身并不是说有一套机械运行的原理就能够实现机械产品的。因为机械本身是一种复杂而精密的东西，除了考虑机械的运动规律之外，还要考虑复杂的零部件结构设计、零部件的选材、生产加工方式和尺寸精度，以及可靠性和安全性等，用个三五天就摇摇欲坠的东西基本上不能称之为现代的机械产品。

设计师这个职业，基本上没有完全脱离机械或者说机械结构的可能，哪怕只设计一个小小的剪刀。就现在生产生活方方面面的应用来看，机械相关的知识应该是一种通识，掌握机械相关的知识是作为设计师的必要素养之一。

机械工程是一门理性、严谨的学科，从设计到产品的实现基本上没有不确定性的因素，这非常不符合设计师的工作习惯。典型意义上的设计师就是做一些固定的东西，纯视觉审美的、纯文化层面的东西。有时候能够解决一些基本的使用方面的力学问题，但对"动起来"的产品进行设计创意就非常非常难。现在的专业划分对设计师这个职业非常不友好，基本上难以培养出类似达·芬奇一样的通才。还有就是现在的工业已经比较成熟，分工也较完善，很少有人去关心问题的本质与解决方法。所以当我们谈到机械类产品的设计和设计创意时，如果你不能和相关行业的专业人员进行有效的沟通，自己又没法解决相关问题，那么设计师能够解决的问题是相当有限的，或者说这名设计师是不及格的。总不能所有的设计师都去做产品标签、文创产品等设计，把所有的机械类、装备类的产品设计都交给工程师去打理，让它们在产品线上自生自灭。然而很多时候就是这样的。举个例子来讲，我用过的电器、设备的操作面板、遥控器都很难用，有的甚至可以说是非常难用，我相信企业是没有把设计这件事交给工业设计师去研究去解决。从工程实现这个角度来看，产品能用就行了，好用不好用、是否人性化是非常次要的。直到今天都很少有企业会用到真正的工业设计师，因为他们不知道工业设计能做什么。事实上设计师的确也不能做什么，很多时候就是做做外观，做做图册。我一直以来指出设计师和工程师之间需要有职业划分，设计师需要有相应的地位，有时候需要设计师去领头。如果设计师连有效的沟通都做不到，掌握不了多少行业知识，甚至说不出几个行业的术语，也没法进行有效沟通，这其实是非常失败的。

其实机械工程这个行业已经非常成熟了，就机械结构、机构运动来讲，一百多年前发达国家已经把几乎所有的形式都穷举出来了。站在设计师的层面，只需要有能力去应用它们，甚至仅仅是选型，至于后续的计算、匹配工作大可以交给工程师去完成。所以培养设计师这种应用层面的能力比什么都重要。我们常常说想象力比知识更重要，然而就解决实际问题来讲，两者都同样重要。

站在巨人的肩膀上去解决问题，是设计师最基本的能力。

6.2 机械与系统论

系统论最早来自哲学理论，是用于研究世间万物之间的运转和运转规律的一种理论体系。系统论应用在工程技术中，同时也是一种设计思维。

"系统"是由部分构成整体的意思，今天人们对系统，有很多种定义，比如"系统是有组织的和被组织化的全体""系统是诸元素及其顺常行为的给定集合""系统是有联系的物质和过程的集合""系统是许多要素保持有机的秩序，向同一目的行动的东西"。系统论定义"系统"为：由若干要素以一定结构形式联结构成的具有某种功能的有机整体。在这个定义中包括了系统、要素、结构、功能四个概念，表明了要素与要素、

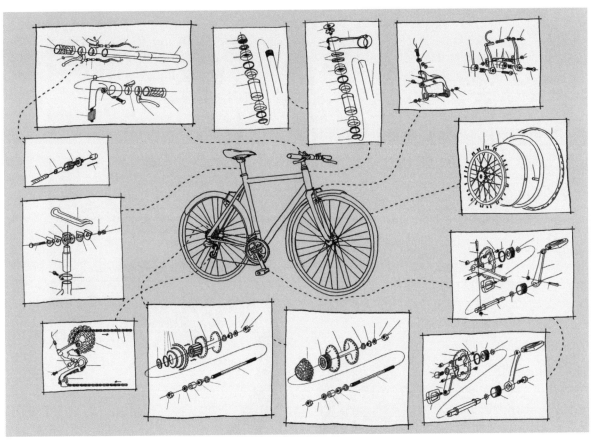

图 6-1 复杂产品的系统论研究方法
对于复杂功能、结构的产品，特别是机械类的产品，我们可以通过分解、归纳等方式，产生并定义功能和结构上的各种系统单元，分析其组织结构和联系方式，这有助于理解和把握产品的原理和结构。

要素与系统、系统与环境三方面的关系。系统论认为，整体性、关联性、等级结构性、动态平衡性、时序性等是所有系统的共同的基本特征。

系统论的核心思想是系统的整体观念。任何系统都是一个有机的整体，它不是各个部分的机械组合或简单相加，系统的整体功能是各要素在孤立状态下所没有的性质。用亚里士多德的"整体大于部分之和"的名言来说明系统的整体性，反对那种认为要素性能好，整体性能一定好，以局部说明整体的机械论的观点。同时，系统中各要素不是孤立地存在着，每个要素在系统中都处于一定的位置上，起着特定的作用。要素之间相互关联，构成了一个不可分割的整体。要素是整体中的要素，如果将要素从系统整体中割离出来，它将失去要素的作用。

系统论的基本思想方法，就是把所研究和处理的对象当作一个系统，分析系统的结构和功能，研究系统、要素、环境三者的相互关系和变动的规律性，并优化系统观点看问题，世界万物都可以看成是一个系统，系统是普遍存在的。

因此，对于机械和机构的学习和研究，我们大可以利用系统论的基本原理，对原本复杂而有机的机器进行系统化，找到各系统之间的联系和运转规律。层层抽丝剥茧，从整体到局部，又从局部到整体。对机器和机构本身认知并理解，从而对整个机械设计相关知识进行学习并掌握（图 6-1）。

6.3 机器

机器的概念自古有之，但随着科技的发展，机器的概念和界定的范畴也更加清晰、明朗和科学。

古罗马工程师维特鲁斯在《建筑术》中对机器的定义是："机器是一种高强度材料做成的联结体，是在

图 6-2 机器
由机器的定义得知，机器已经不限于其材质和构成方式，主要用于执行机械运动，并且可以变换或传递能量、物料和信息。

举起与搬运重物时发挥极大功效的木质器械。"现在看来这个定义是有局限性的，因为其甚至规定了机器所使用的材质。俄国列乌彼尔特在《机械集锦》中对机器的定义是："机器的目的在于节省人力和时间，更有效地完成工作。任何机器都应该是由金属制成的。"这个定义也是有局限性的，并没有涉及机器运行的原理。而《中华人民共和国国家标准》对机器的定义是："机器是执行机械运动的装置，用来变换或传递能量、物料与信息。"显然，这个定义是非常准确的，指出了机器的本质，阐述了机器的用途（图 6-2）。

从社会的发展和科学的角度来看，国家标准给出的机器定义无疑是最准确、最全面的，这有助于我们深刻理解机器的实质，建立正确的设计概念。

○ 6.3.1 机器的共同特征

从国家标准对机器的定义得知，现代机器的定义已经不限于其材质和构成方式。虽然主要用于执行机械运动，但是可以用于变换或传递能量（如内燃机）、物料（如挖掘机）和信息（如机械时钟）。

此外，我们通过研究这个定义得知，作为机器它们有以下共同特征：

一是它们都是人为的实物组合体，即机器不是生物，不是自然界无意识的产物，也不是抽象的概念。

二是机器各实体之间有确定的相对运动，即机器的运动有高度准确性和可重复性。

三是机器都能实现能量的转换，而且必须有机械能参与，即机器不仅仅是一种装置，它需要运动，需要转换能量或传递运动。

知道了机器的这些特点，我们来对下面的器物进行辨识，以加深我们对机器的认识，增强我们的设计能力（图 6-3 至图 6-6）：

图6-3 机器和装置
左边的这个器物虽然只是由简易的塑料管材制作，但是它能够在风力的作用下在沙滩上行走，是将风力转化为机械运动的机器；右边这个图是一个静态的模型，是利用艺术的表现手法将机械零件和金属制品组合在一起，我们可以将它称作装置艺术或雕塑。

图6-4 机器和器械
左边这个器物，在人手摇动的作用下可以完成旋转运动，执行食物粉碎等工作，既转换了机械能，又传递了物料，因此是机器；右边这个器物是体育用品，使用过程中并没有机械能的参与与转化，仅起到固定作用和保护作用，我们可以叫它"器械"。

图6-5 机器和电器
左边的这个航拍设备有电能的参与，有机械运动，因此是机器；右边这个台灯看似有许多金属零件，并且虽然有电能的输入，但是并没有转化为机械运动，因此我们称之为"电器"。

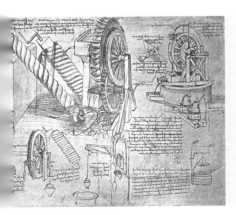

图6-6 机器设计和机器美学
左边草图虽然只是设计构想，但是本质上是为了能够用水力代替人力做工，有机械能和机械运动，因此描绘的内容本质上是机器。右边这张看似复杂的机器其实并不能运转，仅仅是把机械零件当作是构成要素来呈现，是崇尚"机械美"的"高技派"美术作品。"机器美学"（The Machine Aesthetic）是 20 世纪初期工业革命带来的设计理念，它推崇机器本身的合乎功能、技术的结构和朴素的外观美，追求机器和制造蕴含的力量、精度、经济和高效，由此建立的设计审美原则广泛而深入地影响了现代设计的发展历程，特别是受其影响产生的现代主义成为整个 20 世纪最为重要的设计运动，从根本上改变了现代设计的面貌。"高技派"则是突出当代工业技术成就，并在建筑形体和室内环境设计中加以炫耀，强调工艺技术与时代感。

○ 6.3.2 机器的解析

把复杂的机械按照结构、功能划分为不同的功能模块和系统，暂时忽略零件的具体形态和制造方式，是分析和理解机器运动的好方法。

机器是运动构件的组合体，机器的运动是受到某种能量的驱使，即机器中一定包含了机械能的发源地，我们称之为原动系统；有了机械能的发源地，那么一定有能量的传递过程和机构，这一部分则称之为传动系统；动力被输出后，机器要按照一个既定的方式去执行运动和输出能量，那么就需要一个能够把控机器动作的结构，我们把这一部分叫作协调控制系统；既然是机器，那么它最终要执行一个运行的目标，或者执行一个动作，或者转化为其他能量形式，这些结构称之为执行系统；机器在运行过程中现实运行状态，输出信号结果等的部分叫作信号指示系统；而最终机器这一人造物一定要能够被人所操控，要有人机界面，这一部分的结构和装置我们叫作操控系统。

图 6-7 机械钟表
机械钟表的能源储存在原动系统中，这些机械能经过一组齿轮组成的传动系统来推动擒纵调速器系统的工作，再由擒纵调速器系统反过来控制传动系统的转速，传动系统在推动擒纵调速器的同时还带动指针系统，传动系统的转速受控于擒纵调速器系统，所以指针能按一定的规律在表盘上指示时刻。

机械钟表作为常见的民用机械产品，我们以之为例分析机器的运作（图 6-7）。机械钟表有多种结构形式，但其工作原理基本相同，都是由原动系统、传动系统、擒纵调速器系统、指针系统和上条拨针系统等部分组成。此外，有的钟表还有一些附加功能和系统，如自动上条系统、日历系统、闹时系统、月相指示和测量时段系统等，我们可以将它们单独研究并根据需求组合起来。

机械钟表原动系统是储存和传递工作能量的机构，通常由条盒轮、条盒盖、条轴、发条和发条外钩组成。发条在自由状态时是一个螺旋形或 S 形的弹簧，上条时通过上条拨针系统使条轴旋转将发条卷紧在条轴上，卷紧的发条的弹性驱动条盒轮转动，形成了原动系统。

传动系统是将原动系统的能量传至擒纵调速器的一组传动齿轮，它是由数个齿轮和擒纵轮齿轴组成。

擒纵调速器系统是由擒纵机构和振动系统两部分组成，它依靠振动系统的周期性震动，使擒纵机构保持精确和规律性的间歇运动，从而起到调速作用。叉瓦式擒纵机构是应用最广的一种擒纵机构，它由擒纵轮、擒纵叉、双圆盘和限位钉等组成。它的作用是把原动系统的能量传递给振动系统，以便维持振动系统作等幅振动，并把振动系统的振动次数传递给指针系统，达到计量时间的目的。振动系统主要由摆轮、摆轴、游丝、活动外桩环、快慢针等组成。游丝的内外端分别固定在摆轴和摆夹板上，摆轮受外力偏离其平衡位置开始摆动时，游丝便被扭转而产生位能，位能驱动游丝形成恢复力矩。擒纵机构完成前述两动作的过程，振动系统在游丝位能作用下，进行反方向摆动而完成另半个振动周期，这就是机械钟表在运转时擒纵调速器重复循环工作的原理。

上条拨针系统作用是上条和拨针。它由柄头、柄轴、立轮、离合轮、离合杆、离合杆簧、拉挡、压簧、拨针轮、跨轮、时轮、分轮、大钢轮、小钢轮、棘爪、棘爪簧等组成。上条时，立轮和离合轮处于啮合状态，当转动柄头时，离合轮带动立轮，立轮又经小钢轮和大钢轮，使条轴卷紧发条，棘爪则阻止大钢轮逆转。拨针时，拉出柄头，拉挡在拉挡轴上旋转并推动离合杆，使离合轮与立轮脱开，与拨针轮啮合。此时转动柄头使拨针轮通过跨轮带动时轮和分轮，达到校正时针和分针的目的。

通过以上对时钟机械结构的分析和系统划分，我们也许更明白，也许面对众多的术语会更犯愁。实际上要消化这么多的系统、结构和零件，搞懂它们的原理的确是非常漫长的一个过程。从系统分析我们可以看出，各个系统都有自己的职责，环环相扣，缺一不可，但是实际并没有那么一个人去指挥整个机器的运作，仿佛是有一只看不见的手在操作这个机器。

图 6-8 零件

不同的机器零件来自不同的材料选择和生产工艺，但是就某一个功能而言，很多时候选用什么材料和工艺的方案并不多，零件有其唯一性。

图 6-9 部件

部件已经具备一些基本的功能，比如水道的阀门、自行车的铃铛等，除了工厂实施装配之外，一般用户、专业用户和维修人员都可以采购回来进行维修、更换等。

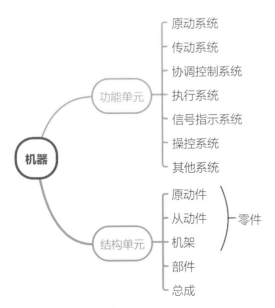

图 6-10 机器的相关知识点

那么这只"看不见的手"究竟是怎么工作的，我们可以换一个角度来理解时钟这一机器的运行原理。

可以这样理解，时钟在各系统的协调运作下，通过擒纵调速器系统把拧紧的发条内存储的能量均匀、恒定、持久、微量地释放出来，并在释放能量的过程中带动指针系统指示时间。还可以这样理解，时钟通过传动系统和擒纵调速器把主动轮（条盒轮）的转动转化为指针的步进运动，借以指示时间。两个理解角度都验证了机器的定义，即：机器是执行机械运动的装置，用来变换或传递能量、物料与信息。

○ 6.3.3 机器的结构单元

系统是复杂机器的功能单元，而机器的结构单元则包含了原动件、从动件、机架、部件等。

原动件：驱动力所作用的构件，为运动的输入构件。

从动件：随着原动件的运动而运动的构件，为运动的输出构件。

机架：机器中相对不运动的构件，比如壳体、底座等。

零件：零件是机器中不可分拆的单个制件，是机器的基本组成要素，也是机器制造过程中的基本单元。（图 6-8）本着生产的组织和经济原则，通常专业的生产厂生产专一类别的零件。比如切削加工厂生产切削类的零件，而铸造厂则生产铸造件，最终总装厂会自制、定制或采购这些专业零件去完成产品的装配。零件又分为标准零件和专用零件，标准零件如螺丝钉、销、键等；专用零件如轴、壳体等。

部件：部件是由若干装配在一起的零件所组成，并执行一定的功能（图 6-9）。部件是功能单元，也是装配单元，相关的零件先在特定的工厂或车间被装配成部件，调试合格后才在生产线上进入总装配。其中由若干分部件组装而成，并且有独立功能的更大部件，在汽车和某些其他机械行业中称为"总成"，如化油器总成、空滤器总成，更大更复杂的有发动机总成等。机器的知识点总结如图 6-10。

○ 6.3.4 机械

机械是机器和机构的总称。机械与机器在用法上略有不同，"机器"通常用来指一个具体的概念，如内燃机、拖拉机等；而"机械"则常用在更广泛、更抽象的意义上，如机械化、机械工业、农业机械等。机械有时候也指能帮人们降低工作难度或省力的工具、装置或器械，比如筷子、扫帚、镊子、剪刀一类的物品都可以被称为机械，它们是简单机械，比简单机械复杂的机械叫作机器。

机械的种类繁多，按用途可分为一般动力机械、物料搬运机械、粉碎机械等；按服务的产业可分为农业机械、矿山机械、纺织机械、包装机械等；按工作原理可分为热力机械、流体机械、仿生机械等。

我国机械行业的主要产品包括：

1. 农业机械：拖拉机、播种机、收割机等；

2. 重型矿山机械：冶金机械、矿山机械、起重机械、装卸机械、工矿车辆、水泥设备等；

3. 工程机械：叉车、铲土运输机械、压实机械、混凝土机械等；

4. 石化通用机械：石油钻采机械、炼油机械、化工机械、泵、风机、阀门、气体压缩机、制冷空调机械、造纸机械、印刷机械、塑料加工机械、制药机械等；

5. 电工机械：发电机械、变压器、高低压开关、电线电缆、蓄电池、电焊机、家用电器等；

6. 机床：金属切削机床、锻压机械、铸造机械、木工机械等；

7. 汽车：载货汽车、公路客车、轿车、改装汽车等；

8. 仪器仪表：自动化仪表、电工仪器仪表、光学仪器、成分分析仪、机械齿轮、汽车仪器仪表、电料装备、电教设备、照相机等；

9. 基础机械：轴承、液压件、密封件、粉末冶金制品、标准紧固件、工业链条、齿轮、模具等；

10. 包装机械：包装机、装箱机、输送机等；

11. 环保机械：水污染防治设备、大气污染防治设备、固体废物处理设备等；

12. 矿山机械：岩石分裂机、顶石机等。

6.4 机构

机械术语中的"机构"，是指能实现预期机械运动的各构件的基本组合体，是机器的运动模型，即忽略了与运动无关的因素而抽象出来的运动模型，它主要用于研究机器的运动（原理、方式和过程）。机器由各种各样的机构组成，而机构是由若干的构件组成。

构件是考察机器运动过程所划分的单元，机器中每一个独立的运动单元体称为一个构件（图6-11）。构件可由一个或几个零件组成。

图6-11 构件

构件不是机器的制造单元，而是运动单元，因此构件会显得更加千变万化，相同功能的构件会由于材质、工艺、使用条件、成本等各种因素的不同而变得不同。比如同样是自行车的车架，可以采用钢管来设计制作，也可以是碳纤维复合材料，甚至是环保的竹材来加工制作。

认识机器中不同材质和结构的构件对学习机械原理、开展简单的机械设计尤为重要，通常是要去发现材料和结构背后的故事，也就是说这个构件在这个机器中扮演一个什么样的运动的角色。当我们设计机械的时候，为了实现同样一个机械运动，只要保证机构运行的正确性和可靠性，至于机器本身的形态，零件的形态细节、质感、色彩等，都不是关键因素，但都可能成为设计的痛点和突破点。因此从这个角度讲，在机械产品的设计过程中会有很大的创新空间。

○ 6.4.1 机构代表一种运动方式

机构是一种抽象的运动模型，是机器运动时所遵循的规律所在。要理解和设计机器的运动方式，就必须研究机构（图6-12）。对于特定的一个机构，必定产生一个特定的运动；相反，特定的运动必然由特定的机构所产生（图6-13）。比如说电风扇的扇叶，它只能围绕电动机的轴心转动，倘若扇叶发生了轴线的移动，那么肯定是机构受到了破坏。

有的机构又有循环不止的运动特性，比如河里的水车，只要河水不断流，水车便源源不断地输出动能，或者引水灌溉，或者打谷磨面。有些机构的构件在处于某个方位的时候，如果不沿着运动方向施加一个初始的动力，是无法启动这个机构的，这个方位就叫作机构的死点。比如踏板式的机械缝纫机，在踩踏板启动机器之前，需要用手去

图 6-12 连杆机构的应用
对于机械机构而言，有的机构可以在两个状态之间自由切换。比如折叠椅，我们可以把椅子展开也可以把椅子收折起来，运动可以顺着进行，也可以逆向回复。

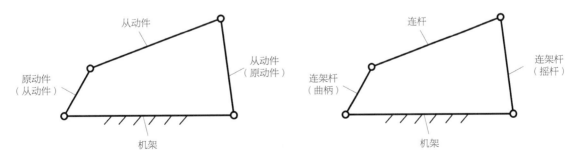

平面四连杆机构（从传动理解）   平面四连杆机构（从杆件命名理解）

图 6-13 曲柄摇杆机构
具有一个曲柄和一个摇杆的铰链四杆机构称为曲柄摇杆机构。曲柄是能绕其轴线转360°的连架杆；摇杆是仅能绕其轴线作往复摆动的连架杆。通常曲柄为主动件且作等速转动（比如电机带动），而摇杆为从动件作变速往返摆动，连杆作平面复合运动。曲柄摇杆机构中也有用摇杆作为主动构件，摇杆的往复摆动转换成曲柄的转动。曲柄摇杆机构是四杆机构最基本的形式。牛头刨床进给机构、雷达调整机构、缝纫机脚踏机构、复摆式颚式破碎机、钢材输送机等都是曲柄摇杆机构的应用和变化。
（"曲柄"这个词很让初学者迷惑，因为我们看到的构件并不是弯曲的。曲柄的定义为"连杆机构中能够做整周回转运动的连架杆"，事实上现在能做整周回转运动的原动件即曲柄都是由电机带动，因此少了传统人力机械手摇柄的弯曲手柄部分，而"曲柄"这个词却被延续下来了。）

拨动一下缝纫机的皮带轮，拨动的实质就是让机构脱离死点位置，得以启动。

有的机构在停止时，不会受到外力的作用而反向运动，这就是机构的自锁。比如由电动机带动涡轮减速机进行起重作业，倘若重物被抬举到半空时遭遇停电，这时涡轮减速机的自锁特性使得重物不会砸向地面。

从上面一些机构的特例中我们可以看出，实现特定运动的方式很多，需要积累经验和研究。

○ 6.4.2 机构的组成

机构是由构件和运动副所组成的。

由前面可知，构件就是组成机器的零件或组件，如齿轮、杆件、皮带等。

运动副是指构件间的可动连接，这种连接既保持直接接触，又能产生一定的相对运动。也就是说，构件和构件之间有一种联结关系，使它们之间不能脱离彼此，又不能完全紧固连接动弹不得。其中一个构件不能完全禁锢对方，对方构件在一定的范围内可以产生运动，而这种运动是和前一构件息息相关的。构件之间的运动关系由特定的联结产生，这种联结就是运动副。也就是说，特定的运动副就是特定的联结，会带来特定的运动。

既然运动副是一种"联结"，那么构件之间的关系是相互约束，互为支撑，这种关系甚至可以理解为"链接"。连接可以是点和线的关系、点和面的关系、线和线的关系、线和面的关系、面和面的关系，我们可以按这些关系对运动副进行划分。

两个构件形成运动副后只可作相对转动，则称为转动副，也称为回转副或铰链（图6-14）。这种运动副可以参考纸风车的旋转轴和风车叶面的关系。在机构中，若一个构件相对另一个构件可作360°的旋转，则称该转动副为整转副，否则称为肘节。肘节可参考门窗合页或折叠小刀。

两个构件形成运动副后只可作相对直线运动，则称为移动副。移动副我们可以参考抽屉或键盘按键的运动（图6-15）。

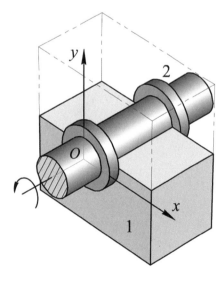

图6-14 转动副
左图构件1为滑动轴承（上下各一半，装配后形成完整轴承），构件2为轴。构件2只能在轴承的孔中做旋转运动，因其两头有端盖结构，因此不能沿着轴线做直线运动。右图为转动副的一些应用，一般来讲一个构件和另一个构件有一个相对的转动中心，我们则认为它们之间存在机械运动的转动副。

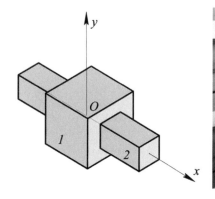

图6-15 移动副
左图构件1为滑块，构件2为滑轨。构件1和构件2在矩形孔的限制下可以做直线运动，并不能做转动等其他运动。
右图为移动副的实际应用案例。通常的滑轨，不管其具体的机械结构多复杂，但是就从机构的运行来看都属于移动副。

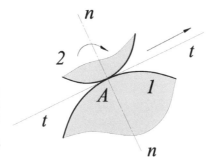

图 6-16 滚滑副
左图中构件 1 和构件 2 在自身形状（复杂曲线，如渐开线）和运动规律的约束下作相对滚动并滑动的运动，即为滚滑副。
右图为滚滑副的应用，典型案例就是齿轮副。

图 6-17 螺旋副
螺旋副是构件之间相互做螺纹运动的运动副，螺旋副是空间低副，常见的螺钉与螺母、丝杆与螺母等形成的运动副就是螺旋副。按照国标 GB/T17587.3—2017 及应用实例，滚珠丝杠是用来将旋转运动转化为直线运动，或将直线运动转化为旋转运动的执行元件，并具有传动效率高、定位准确等优点。

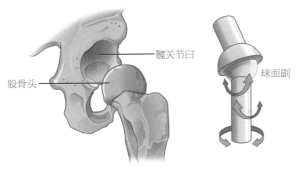

髋关节臼

股骨头

球面副

图 6-18 球面副
球面副是组成运动副的两构件能绕一球心作三个独立的相对转动的运动副，通常这三个相对转动的角度不全为 360°，其具体的工作原理我们可以参考人体的髋关节。

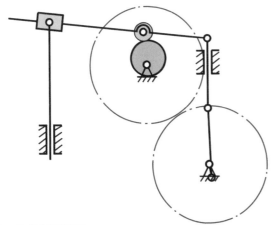

图 6-19 机构运动简图
机构运动简图是用寥寥的线条把复杂的机械运动进行了定性和定量的描述，如果图做得足够准确，甚至可以在图中求出相关的运动值。现在的机构运动简图已经不局限于手工制图，在电脑辅助下，可以完成很大一部分机构运行原理方面的设计。

两个构件形成运动副后，相对滚动和相对滑动并存，则称该运动副为滚滑副。滚滑副的典型案例为齿轮啮合，即齿轮副（图 6-16）。

运动副按照构件的接触方式分为高副和低副，高副是指点、线接触的运动副，如滚滑副、移滑副；低副是指面接触的运动副，如移动副和转动副。

除平面运动副以外的运动副均为空间运动副，它允许两构件的相对运动不局限在相互平行的平面内。常见的空间运动副有螺旋副（图 6-17）、球面副（图 6-18）、圆柱副。

○ 6.4.3 机构运动简图

机构由构件和运动副组成，但是并不是说有了构件和运动副就必然能够形成机械机构，它们之间还必须存在合理的组织关系，这种组织关系我们可以通过机构运动的原理图来研究。在实际的应用中，我们可以通过科学合理的手段把机器中各个零部件进行简化，用直线、圆等元素代表机器的零件，按照比例绘制零件和运动副的相对位置，这种能完全反映机构运动特征的简图就是机构运动简图（图 6-19）。我们可以通过分析机构简图中构件的"运动"来分析机器的运动。

机构运动简图的作用：

1. 机构运动简图是分析研究机构运动的模型，它略去了一些与运动无关的因素（如外形、材料等）。

2. 机构运动简图是机构运动设计的目标；机构的运动仅与运动副的类型和位置有关，所以根据机构的运动要求来设计机构，就是要确定运动副的类型及其位置，即确定机构的运动简图。

3. 机构运动简图是构造设计的依据，是对每个构件（零件、部件等）而言的设计依据。

4. 机构运动简图是设计说明的文件，也是设计语言之一，用于审查、校对、技术交流等；

5. 机构运动简图是专利性质的判断依据。

机构的知识点总结如图 6-20。

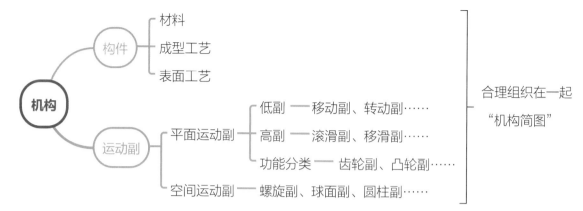

图 6-20 机构的知识点总结

○ 6.4.4 机构运动简图图例

从上面的基本概念我们知道，机构运动简图是一种很重要的设计语言，通过机构运动简图可以达到其他语言不能完成的传达任务，因此这是应该尽量掌握的知识和技能。在能够画机构运动简图之前，我们必须要了解一下机构运动简图中的一些常用运动副和构件的规定画法，或者说是一些约定俗成的画法，然后才能一步步地把机构简图"拼凑"出来。

一、转动副（图 6-21）

转动副一般由 2 个构件组成，二者做相对的转动，因此在简图中转动副的转动结构一般就由一个圆圈来代替，但还是要用其他的两根线条来表达 2 个相对转动的构件。当然其中一个构件我们可以理解为机架，因此可以用画机架的表达方式来让其看上去是固定不动的。最右图则是表达了转动副转动轴心平行于纸面的情形，构件 1 和构件 2 不论形态怎么变化，结构上有没有细节的出入，终究是一个构件绕着另外一个构件转动，这也是我们判断和理解是否是转动副的依据所在。

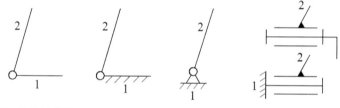

图 6-21 转动副简图

二、移动副（图 6-22 至图 6-25）

在移动副中，相对移动的两个构件，要么是滑块和滑槽，要么就是滑块和滑轨等，总之要表达出两个构件之间的相对运动，通过简单的矩形和线条就可以了。同样，如果其中有个构件被视为机架的一部分，则需要标记上斜线，以表达出其是相对固定不动的构件。

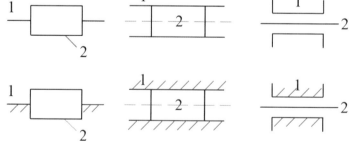

图 6-22 移动副简图

三、齿轮副

齿轮副的简图也分为轴线平行于纸面和垂直于纸面，第一种情形用线条来表示齿轮的大小和啮合状态，后一种情况用简单的圆来表达齿轮相啮合的分度圆。

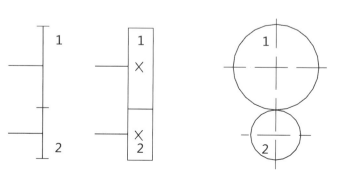

图 6-23 齿轮副简图

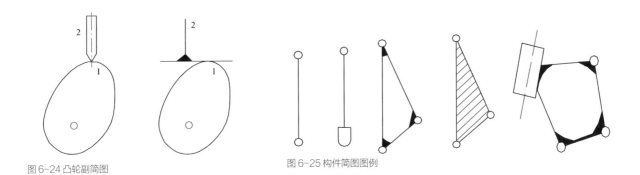

图 6-24 凸轮副简图　　　　　　　图 6-25 构件简图图例

四、凸轮副

具体的凸轮副远比几根线条来得复杂，但是简图已经能够说明凸轮和顶杆之间的运动关系。随着凸轮的转动，顶杆紧贴着凸轮的外廓，随着外廓上下起伏，将凸轮的转动变化成了一定规律的直线运动。至于直线运动的规律则取决于凸轮的外廓形状变化。

五、其他构件

机构中的构件千差万别，但是经过合理的简化都能抽象成简单的线条。某些构件上有复杂的结构，但是就机构而言无非是连接了其他的构件或者运动副。因此确定了这些运动副的位置和种类，就可以用简单的线条来将它们连接起来。为了表达构件各个部分的固定关系，可以用斜线来表达一个整体结构或用涂黑的三角来代表焊接。

○ 6.4.5 绘制机构运动简图

在熟记机构简图的各种图例之后，我们就可以着手进行机构运动简图的绘制。我们一定是从简单开始，或者是从读懂其他机构简图开始，然后掌握一定的规律步骤后，就可以开始画自己的机构运动简图（图 6-26）。具体的步骤如下：

1. 分析机构，观察相对运动，掌握运动原理。

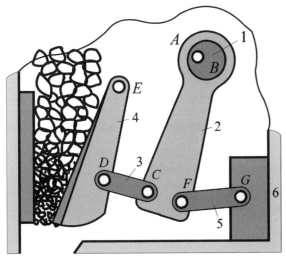
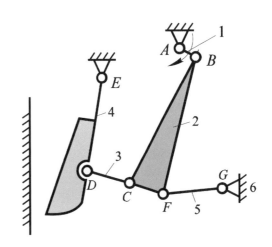

图 6-26 颚式破碎机原理与机构简图
图为颚式破碎机示意图和由示意图转化而成的机构简图。
颚式破碎机的工作部分是两块颚板。一块是固定颚板（定颚），垂直（或上端略外倾）固定在机体前壁上；另一块是活动颚板（动颚），位置倾斜，与固定颚板形成上大下小的破碎腔（工作腔）。活动颚板对着固定颚板做周期性的往复运动，时而分开，时而靠近。分开时，物料进入破碎腔，成品从下部卸出；靠近时，使装在两块颚板之间的物料受到挤压、弯折和劈裂作用而破碎。
动颚上端直接悬挂在偏心轴上，作为曲柄连杆机构的连杆，由偏心轴的偏心直接驱动，动颚的下端铰连着推力板支撑到机架的后壁上。当偏心轴旋转时，动颚上各点的运动轨迹是由悬挂点的圆周线（半径等于偏心距），逐渐向下变成椭圆形，越向下部，椭圆形越偏，直到下部与推力板连接点轨迹变为圆弧线。由于这种机械中动颚上各点的运动轨迹比较复杂，故称为复杂摆动式颚式破碎机。
读图得知，破碎机由六个构件组成。根据机构的工作原理，构件 6 是机架，原动件为曲柄 1，它分别与机架 6 和构件 2 组成转动副，其回转中心分别为 A 点和 B 点。构件 2 是一个含有三个运动副元素的构件，分别与构件 1、3 和 5 组成转动副。构件 5 与机架 6、构件 3 与动颚板 4、动颚板 4 与机架 6 也分别组成转动副，它们的回转中心分别为 G、D、E 点。在选定比例尺和投影面后，定出各转动副的回转中心点 A、B、C、D、E、F、G 的位置，并用转动副符号表示，用直线把各转动副连接起来，在机架上加上短斜线，即得右图所示的机构运动简图。

2. 认清所有构件。首先分清机架和主动件，再按运动传递路线逐个分清各从动件。为分析和画图方便，可在各构件上依次标出数字编号。

3. 认清运动副。一般从主动件开始，按照运动传动的顺序，仔细观察相邻两构件之间的相对运动性质或观察运动副具体构造的几何特征，以确定运动副的类型。

4. 合理选择视图及绘图比例。对于平面机构，必须选择与各构件的运动平面相互平行的平面为投影平面，并把主动件选定在某一位置上，以此作为绘制机构运动简图的基准。

5. 按比例及规定的符号绘制机构运动简图。绘制时，先按比例定出运动副的位置，画上相应的运动副符号，然后将同一构件上的运动副元素用简单的线条连接，此连线即代表该构件。

6. 标上与运动有关的参数。

当然，仅仅能够绘制现有机器的机构简图只是开始，一般的设计任务是拿出自己创新设计的机构，或者是为了完成某个运动而规划的一套机构，因此能够从无到有地画出自己的机构简图才是我们的目的。

○ 6.4.6 机构运动的实质

除了能画出机构运动简图以外，我们还应当有能力判断自己的机构运动简图能不能工作，工作情况大致怎样，因此我们必须要认清机构运动的实质，也就是我们前面讲到的——机械的运动是唯一的、受控的。通过分析，我们知道机器有一个非常重要的特性，是它能够完成特定的机械运动，不会超出设计者的预想去实现一些不该存在的动作。我们要了解并实施机构运动的这种特性，需要掌握如下概念。

一、运动链

机构不光是若干构件和运动副按照一定的规律连接起来才能够工作。我们把两个以上的构件用运动副连接成的具有相对运动的链系称为运动链，根据几何形式分为开式运动链和闭式运动链；根据各构件间的相对运动平面分为平面运动链和空间运动链（图6-27）。分析运动链是分析机构运动的开始。

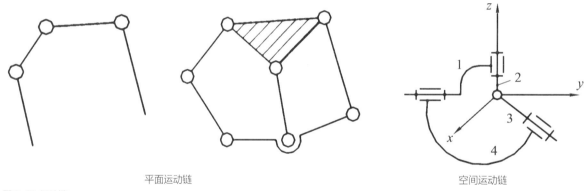

平面运动链　　　　　　　　　　　　　　　　　　空间运动链

图6-27 运动链
我们可以将机器中某一组相关联的构件和运动副组成一个系统看待，然后再各个分析它们以及它们之间的运动规律。

二、运动链和机构

运动链中，若固定某一构件成为机架，并给另一个或数个构件（即原动件）以确定的独立的运动，从而使得其余构件（即从动件）的运动随之而确定，这时候的运动链才可称之为机构。因此并不是所有的运动链都可以称之为机构，必须要提供确定的运动才行。

这里要注意，我们看到的很多产品只有一个原动件，因此下意识地认为原动件只能有一个。然而事实上原动件可以有多个，也能够由机构来完成确定的运动。那么怎样才能知道原动件数量、机构的组成和准确运动之间的关系，我们必须要知道自由度这个概念。

三、自由度

对于机构的某个构件而言，在运动副的限制下，其运动有它自己的规律，或者转动，或者移动，或者在转动的同时发生移动。在运动过程中，用于确定机构中各构件相对机架的位置所需要的独立的位置参变量数目，就是自由度（图6-28）。

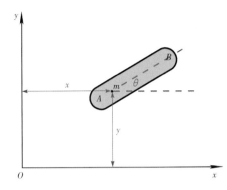

图 6-28 自由度

要确定一个做平面运动的自由构件在平面中的位置，需要三个独立的位置参数。构件的位置可以用其上任意一条线段 AB 的位置来代表（当然也可以取两个转动副中心的连线），而 AB 线段的位置则可由 A 点的坐标 x_A，y_A 以及该线段的方位角 θ 这三个独立变量来确定。

故一个自由运动构件在平面机构中具有 3 个自由度。（思考一下，构件在三维空间中有多少个自由度？）

四、约束

约束是指运动副中各构件独立运动所受到的限制。增加了一个约束就等于减少了一个自由度。

1. 转动副引入的约束

设构件 1 位置固定，与构件 2 组成转动副（图 6-14）。由于构件 2 上下点坐标已随构件 1 位置而定，因此构件 2 相对构件 1 的转角是独立变量。故组成一个转动副相当于引入了两个约束条件，即丧失了两个自由度。

2. 移动副引入的约束

构件 1 与构件 2 组成移动副后，构件 2 只能相对构件 1 沿导轨方向移动（图 6-15）。即当构件 1 的位置确定以后，只需要给一个独立的位置参数就可以确定构件 2 的位置。因此，组成一个移动副也引入了两个约束条件，亦即丧失了两个自由度。

3. 滚滑副引入的约束

两构件组成滚滑副后，两构件不能沿公法线方向作相对移动，而沿公切线方向的相对滑动和绕接触点的相对转动并没有受到约束。所以滚滑副只引入了一个约束条件，即丧失了一个自由度。

五、平面机构自由度计算公式

设一个平面机构有 N 个构件，因为机架在研究对象中属于相对静止的构件，故机构中相对机架的运动构件数量为：$n = N-1$；若所有的运动构件都没有受到约束（即没有引入运动副），那么自由度的总数为 $n \times 3 = 3n$ 个；若整个平面机构中引入了 PL 个低副（如转动副和移动副），因为每个低副又引入了两个约束条件，故总共引入了 $PL \times 2 = 2PL$ 个约束条件，即丧失了 $2PL$ 个自由度；若整个平面机构中还引入了 PH 个高副（如平面滚滑副），因为每个高副引入了一个约束条件，故总共引入了 PH 个约束条件，亦即丧失了 PH 个自由度。

因此，平面机构自由度数 W 的计算公式为：$W = 3n-2PL-PH$

应用计算公式时的注意事项：

一是具有非刚性构件的机构（如带、链等传动机构）不能直接使用该公式。

二是由 3 个或 3 个以上构件组成共轴且同轴线转动副的结构称为复合铰链。n 个构件组成的复合铰链，实际有 $(n-1)$ 个转动副。

三是不影响机构中其他构件运动关系的某个构件的独立运动（即自由度）称为局部自由度。在计算机构自由度时，应先把局部自由度除去。

四是在机构中因与其他约束重复而实际上不起限制作用的约束称之为虚约束或重复约束，虚约束不计入约束条件。

例1：计算图 6-29 中平面机构的自由度。

分析图示机构为平面运动机构，适用该自由度公式。

机构是由 4 个构件（$N=4$）组成，其运动构件数 $n=N-1=3$。

机构中有 4 个转动副（低副），即 $PL=4$。

机构中没有滚滑副（高副），即 $PH=0$。

故机构的自由度为：$W=3n-2PL-PH$

$$=3 \times 3-2 \times 4-0$$

$$=1$$

本例中，我们观察出：原动件数 = 机构自由度，机构有确定运动。

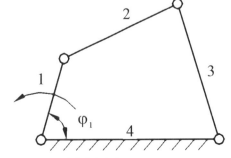

图 6-29 平面机构的自由度

例2：计算图6-30中平面机构的自由度。

图示平面运动机构是由5个构件（$N=5$）组成，其运动构件数$n=N-1=4$。

机构中有5个转动副（低副），即$PL=5$。

机构中没有高副，即$PH=0$。

故机构的自由度为：$W=3n-2PL-PH$

$$=3\times4-2\times5-0$$

$$=2$$

本例中，我们观察出：原动件数＜机构自由度数，机构运动不确定、无明显规律。

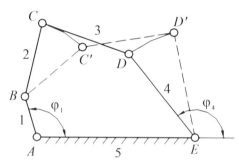

图6-30 平面机构的自由度

例3：计算图6-31中3个平面机构的自由度。

（1）$W=3n-2PL-PH=3\times4-2\times6-0=0$；构件间不能相对运动，因此是静定桁架。

（2）$W=3n-2PL-PH=3\times2-2\times3-0=0$；构件间不能相对运动，因此是静定桁架。

（3）$W=3n-2PL-PH=3\times3-2\times5-0=-1$；构件间多一个约束，因此是超静定桁架。

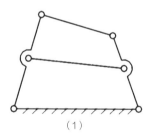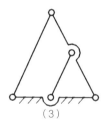

（1）　　　　　（2）　　　（3）

图6-31 三个平面机构的自由度

六、机构具有确定运动的条件

通过计算，我们可以得到整个机构的自由度。假如自由度数小于或等于零，那么说明该机构没有运动的可能，或者是刚性的静定桁架，或者是超静定桁架。

如果自由度和原动件的数量相同，则该机构有且仅有一种特定的运动。

如果自由度大于原动件的数量，则该机构可以做不确切的运动。

显然，我们设计机构，最终要达到自由度和原动件数目相同，也就是说机构的运动应该是一种固定不变的、特定的、受限制的运动。一般来讲，多数机构只有一个原动件，那么我们的设计就是要让整个机构的自由度为1。

6.5 练习与实践

本章节的实践以认知、分析为主，应用为辅。然而学习的最终目的都要以应用为最终目标，带着这个目标我们可以进行下面的作业和练习，同时为后续章节的学习打下基础（图6-32）。具体的练习内容有如下几点作为参考：

一是以机械时钟为分析对象，观察时钟的运行，把每个零件的功用了解清楚，按照系统给零件归类、拍照并作标记。

二是拆解机器类产品，分析其构成，并尝试画出机构简图，如雨伞。

三是尝试画出下面产品的机构简图（图6-33至图6-38）。

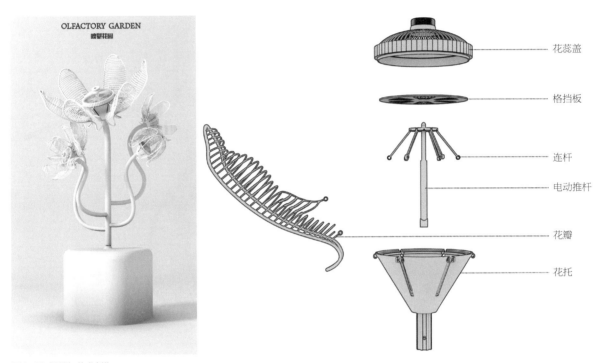

图6-32 机械与艺术创作
图为四川美术学院孙华杰设计的"嗅觉花园"系列作品之一。该作品是一个动态装置，以电动推杆为动力，带动了连杆、花瓣产生运动，诸多花瓣同时运动的时候，展现了花朵"盛开"的动态过程。整个装置通过数个连杆机构构成了复杂的机械结构，视觉上呈现丰富的变化，营造了神秘而优美的机械的"花园"。

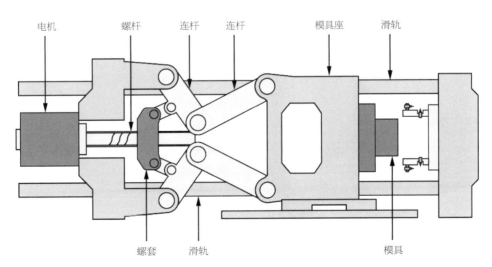

图6-33 注塑机开合模机构示意图

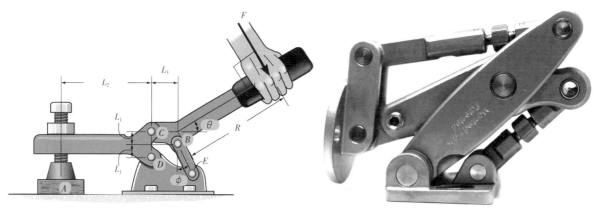

图 6-34 一种工件夹持装置

图 6-35 一种柜门铰链

图 6-36 一种手动榨汁机

图 6-37 一种手压咖啡机

图 6-38 一种人力车床

7

第 7 章
机械设计基础

我们都已知道机械的重要性，历史上一些机械的出现可以决定战争的胜负，也可能会改变历史的走向。比如连弩和投石车的出现，又比如马克沁机枪的出现，都如蝴蝶效应一般影响着战争的双方。而诸如水车、风车这些机械产品更是从生产力上促进着人类的发展。

对设计师来讲，机械设计并不是一定要去完整设计出一台机器的所有工作方式、结构和机器零件，而是利用机械设计的一些原理，将机械运动的结构要素应用到产品设计中。一方面可以增大产品的可实现性，另一方面是给设计师自身提供一些非常好的解决方案。也就是说，机械设计的学习，不仅不会限制设计师的创造能力，而且还会提升设计师的创意空间，激发灵感（图 7-1 至图 7-3）。

本节分享的是机械中机械运动机构和其设计。前面讲过，运动机构的设计关键就在于把"运动"从机械

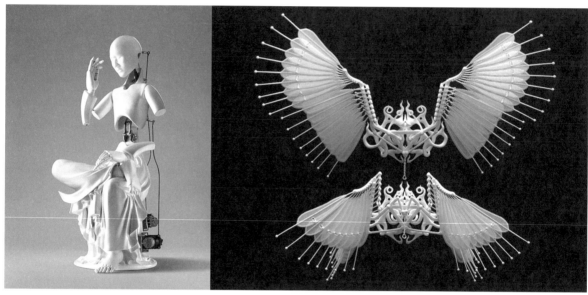

图 7-1 机械与装置艺术（动感雕塑）
艺术装置有别于机械产品，前者对机械运动的安全性、可靠性、机械性能和寿命等并没有那么高的要求，因此仅仅从视觉创意的角度来看，设计师完成这类作品的设计制作应该是具备相应的能力的。

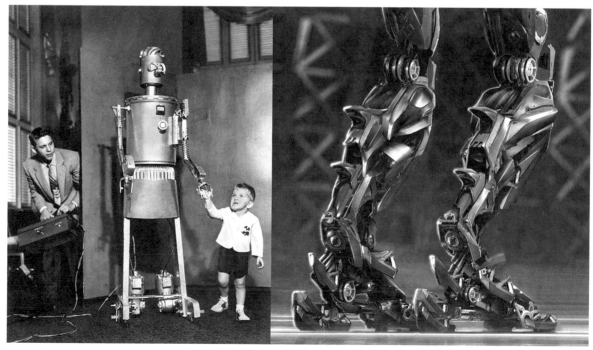

图 7-2 机械与影视艺术
艺术创作的来源是生活本身，而创作语言往往会高于生活，对科技的把握与合理的应用会给影视艺术带来活力与震撼的视觉效果。

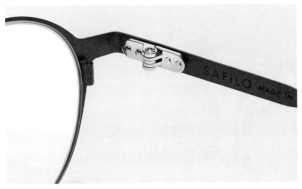

图 7-3 机械与生活用品
刻意强调的机械与工艺的美,体现在生活用品的设计上面,让人轻易就能够接受这种"机械"的美感。

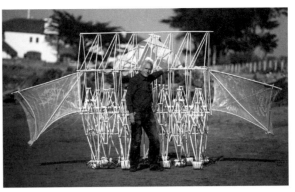

图 7-4 风力行走机器
图中是在连杆机构基础上设计制作而成的行走机器人,我们能够查阅到大量的技术图纸和计算方法,其原理并不难以理解。然而就图中装置而言,难能可贵的是设计师通过非常廉价易得的材料和常规的手段将简单的机构处理成复杂的视觉效果,同时它又是可以运动的,能够在风的作用下在开阔的滩涂奔走,这本身就是设计师和传统科技进行的一次有效的碰撞。

中抽象出来看待。习惯处理实体的设计师们在刚接触运动设计时总是下意识地把注意力放在实体上,往往受限于零件的形态和尺寸。对机构而言,无形的"运动"和看得见摸得着的实体一样,可以有很多创新的源泉,这需要我们多读多看多了解。比如 Theo Jansen 教授设计的靠风力行走的"海滩怪兽"(图 7-4),其实就是几个平面四杆机构的串并联,再用一根多拐曲轴串在一起。如今类似的行走机器人在淘宝上已经有很多"山寨"产品了,我们玩乐之余也可以从中学到很多有趣的机械知识。

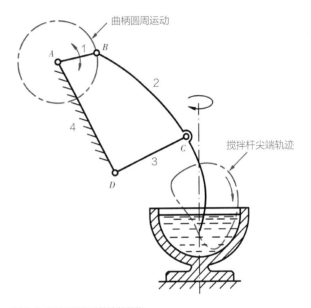

图 7-5 实现已知运动轨迹的机构
连杆机构能够实现的运动轨迹能够完成一定的工作,也能绘制一些有趣的图形。我们可以查阅相关文献对运动轨迹进行选型和一定程度的组合与改动,以便能够满足我们的设计要求。有的运动轨迹的实现只是路径图形的实现,并不一定能够承载,因此在实用性方面会有很大的限制。

7.1 平面四连杆机构

连杆机构是由若干构件用低副(转动副、移动副、球面副、球销副、圆柱副及螺旋副)连结而成,故又称低副机构。之所以称之为连杆机构,是因为这些机构中的所有构件在机构简图中都可以抽象或转化为杆结构。

连杆机构构件运动形式多样,如可实现转动、摆动、移动和平面或空间复杂运动,从而可用于实现已知运动规律和已知轨迹(图 7-5)。

○ 7.1.1 连杆机构的分类

一是根据构件之间的相对运动为平面运动或空间运动,连杆机构可分为平面连杆机构(图7-6)和空间连杆机构;

二是根据机构中构件数目的多少分为四杆机构、五杆机构、六杆机构等,一般将五杆及五杆以上的连杆机构称为多杆机构;

三是当连杆机构的自由度为 1 时,称为单自由度连杆机构;当自由度大于 1 时,称为多自由度连杆机构。

图 7-6 平面连杆机构
很多产品都有平面连杆机构的应用，然而如果不具备专业的目光去审视，我们很难发现很多有机的、复杂的形态其实仅仅是简单的平面连杆机构。

○ 7.1.2 平面连杆机构的优点和缺点

一、平面连杆机构的优点

1. 连杆机构是由低副联结而成，低副都是面接触的运动副，相对于高副，其单位面积所受压力较小，且面接触便于润滑，故磨损减小，适用于传递较大载荷；

2. 平面机构构件及运动副相对制造方便，易获得较高的精度；

3. 两构件之间的接触是靠本身的几何封闭来维系的，它不像凸轮机构有时需利用弹簧等力封闭来保持接触，因此整体构造会相对简单；

4. 能够实现多种运动形式的转换，也可以实现各种预定的运动规律和复杂的运动轨迹，容易满足生产中各种动作要求。

二、平面连杆机构的缺点

1. 一般情况下，只能近似地实现给定的运动规律或运动轨迹，且设计较为复杂；

2. 当给定的运动要求较多或较复杂时，需要的构件数和运动副数往往较多，这样就使机构结构复杂、工作效率降低，不仅发生自锁的可能性增加，而且机构运动规律对制造、安装误差的敏感性增加；

3. 机构中做复杂运动和做往复运动的构件所产生的惯性力难以平衡，在高速运动时将引起较大的振动和动载荷，故连杆机构常用于速度较低的场合。

○ 7.1.3 平面四杆机构的基本形式

平面四杆机构变化多端，远不是我们见到的四根线条、四个圆圈那么简单。在实际的应用中，四杆机构包含了以下四种类型：

一、铰链四杆机构

所有运动副均为转动副的平面四杆机构称为铰链四杆机构（图 7-7），它是平面四杆机构的最基本的型式，其他型式的平面四杆机构都可看作是在它的基础上通过演化而成的。

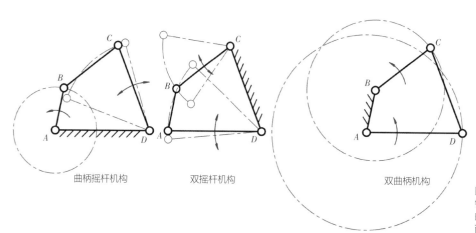

曲柄摇杆机构　　双摇杆机构　　双曲柄机构

图 7-7 铰链四杆机构
铰链四杆机构可以根据机架、曲柄、摇杆和连杆的相互转化而演变成不同的机构形式。

根据两连架杆为曲柄或摇杆的不同，铰链四杆机构又可分为三种基本型式：

1. 曲柄摇杆机构：其中两连架杆一为曲柄另一为摇杆，该机构将曲柄的整周回转转变为摇杆的往复摆动或反之，即由摇杆的往复摆动来带动曲柄进行整转运动（如缝纫机踏板驱动缝纫机主轴的运动）（图 7-8）；

2. 双摇杆机构：其中两连架杆均为摇杆（图 7-9）；

3. 双曲柄机构：其中两连架杆均为曲柄，该机构能够将曲柄的等速回转转变为另一曲柄的等速或变速回转。

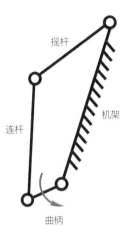

图 7-8 曲柄摇杆机构
在机械系统中，往往复杂的构成形式让初学者难以厘清机构的运行原理，这需要反复观察和类比。在人体和自行车所组成的机构中，我们可以发现一个微妙的曲柄摇杆机构，这个机构是以自行车座管为机架，人的大腿为摇杆，小腿为连杆，在各肌肉综合的作用下，大腿以髋关节为转轴驱动自行车曲柄转动。

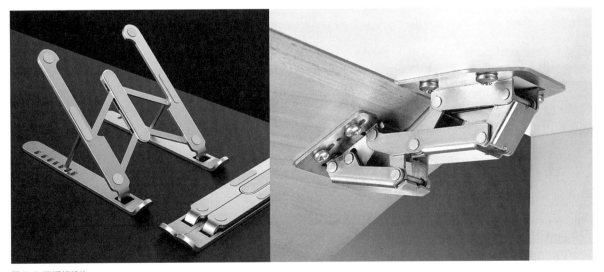

图 7-9 双摇杆机构
双摇杆机构在产品中也得到了广泛的应用，很多时候应用到的都是这些机构的叠加或变形，要学会去繁就简，通过绘制机构简图来认知和借鉴其设计。此两例均为双摇杆机构中的平行四边形结构，即两连架杆等长且平行，连杆作平动，能够保证运动时连杆和机架的绝对平行（产品折叠结构空间的要求）。

二、含一个移动副的四杆机构

这类四杆机构包含曲柄滑块机构（图7-10）、曲柄摇块机构、转动导杆机构、摆动导杆机构。

三、含两个移动副的四杆机构

这类四杆机构包含双滑块机构（图7-11）、双转块机构、滑块摇杆机构、滑块摇块机构、摇杆导杆机构、滑块摇杆机构。

四、偏心轮机构

在曲柄滑块机构或其他含有曲柄的四杆机构中，如果曲柄长度很短，则在杆状曲柄两端装设两个转动副将存在结构设计上的困难。而如果曲柄需安装在直轴的两支承之间，则将导致连杆与曲柄轴的运动干涉。

为此，工程中常将曲柄设计成偏心距为曲柄长的偏心圆盘，此偏心圆盘称为偏心轮（图7-12）。曲柄为偏心轮结构的连杆机构称为偏心轮机构。

曲柄　连杆　　机架　　　　　滑块

图 7-10 曲柄滑块机构

另类的健身自行车设计中，将人体前后、上下踩踏的动作，借助滑块的前后移动而带动曲柄进行旋转运动，然后在链条传动系统的作用下带动轮胎向前行进。这套系统便是曲柄滑块机构，虽然看上去机械运动比较笨拙，然而如果有良好的润滑，并不会损失太多的机械能，同时又能够起到锻炼的目的，比单纯地踩踏曲柄踏板绕圈来得有趣。

内燃机、蒸汽机、往复式抽水机、空气压缩机及冲床等的核心机构都是曲柄滑块机构。

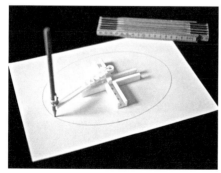

图 7-11 双滑块机构

双滑块机构的典型应用是椭圆规，椭圆规能够通过两个滑块在滑槽中的运动，在滑块连杆上的某点形成椭圆轨迹，调整点的位置则会得到不同的椭圆图形。

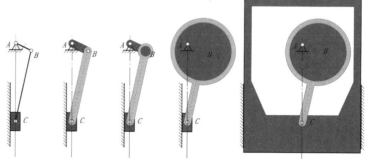

图 7-12 偏心轮机构

图为偏心轮机构，其本质是把曲柄 AB 通过外形上的演化，让杆状的结构变成了圆形结构，同时此圆形结构上具有两个转动中心，其中心距完全符合曲柄 AB 的长度。利用同样的原理，如最右图，我们也可以将滑块进行改变，虽然形状和体积发生了变化，但是其机械运动完全没有改变，这样的空间结构变化是设计师需要掌握的能力要点之一。

五、平面四杆机构类型小结（图 7-13）

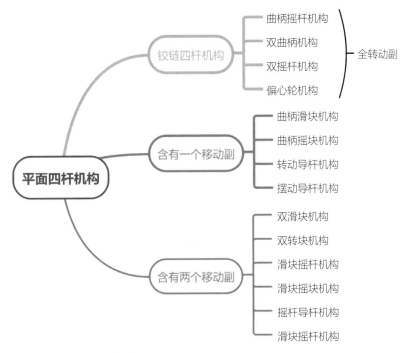

图 7-13 平面四杆机构的各个类型

六、平面四杆机构的相互转化与研究

不论四杆机构看上去有多么复杂，其实都可以变形或演化为铰链四杆机构，反之亦然（图 7-14 至图 7-16）。

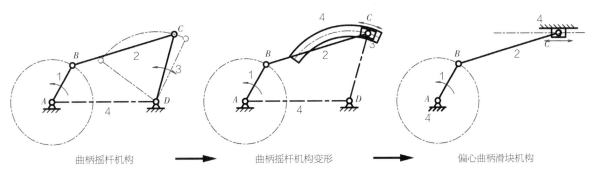

图 7-14 将转动副演化成移动副
在图示曲柄摇杆机构中，1 为曲柄，3 为摇杆。今在机架 4 上制作一同样轨迹的圆弧槽，并将摇杆 3 做成弧形滑块置于槽中滑动。这时，弧形滑块在圆弧槽中的运动完全等同于转动副 D 的作用，圆弧槽的圆心即相当于摇杆 3 的摆动中心 D，其半径相当于摇杆 3 的长度 CD。
又若再将圆弧槽的半径增加至无穷大，其圆心 D 移至无穷远处，则圆弧槽变成了直槽，置于其中的滑块 3 作往复直线运动，从而转动副 D 演化为移动副，曲柄摇杆机构演化为含一个移动副的四杆机构，称为曲柄滑块机构。

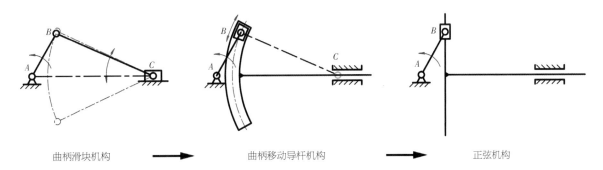

图 7-15 将转动副演化成移动副
在曲柄滑块机构中，若再将其中转动副 C 或 B 演化为移动副，则需含两个移动副的四杆机构。图为转动副 C 演化为移动副的过程，所得机构称为曲柄移动导杆机构，其中移动导杆的位移与主动件曲柄的转角的正弦成正比，故此机构又称为正弦机构。

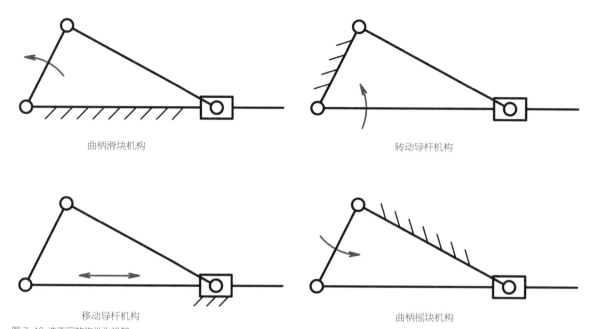

曲柄滑块机构   转动导杆机构

移动导杆机构   曲柄摇块机构

图 7-16 选不同的构件为机架
相同的构件以及组合形式，只是将其中一个构件固定为机架，则会派生出不同的机构形式，同样地，它们会具有不同的运动规律。将低副的两运动副元素的包容关系进行逆换，不影响两构件之间的相对运动。

7.2 平面四连杆机构设计基础

○ 7.2.1 平面四连杆机构设计内容

连杆机构设计通常包括选型、运动设计、承载能力计算、结构设计和绘制机构装配图与零件工作图等内容。对设计师而言，学会选型、了解运动设计、掌握构件结构设计的一些方法是现阶段的基本要求。

1. 选型是确定连杆机构的结构组成，包括构件数目以及运动副的类型和数目；

2. 运动设计是确定机构运动简图的参数，包括各运动副之间的相对位置、尺寸以及描绘连杆曲线的点的位置和尺寸等；

3. 承载能力计算是基于强度理论，来确定关键零件的主要结构参数；

4. 结构设计是在综合考虑安装、调整、加工工艺性等因素情况下对各零件结构参数的全面细化。

○ 7.2.2 平面四连杆机构"死点"避免与应用

对于需连续运转的机构来说，如果存在死点位置，则对传动不利，必须避免机构由死点位置开始起动，同时采取措施使机构在运动过程中能顺利通过死点位置并使从动件按预期方向运动（图 7-17）。死点位置是机构选型中

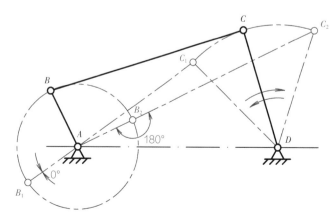

图 7-17 平面四连杆机构的"死点"
对于曲柄摇杆机构，当摇杆为主动件时，在连杆与曲柄两次共线的位置，机构均不能运动，机构的这种位置称为"死点"。例如家用机械缝纫机中的曲柄摇杆机构（将踏板往复摆动变换为带轮单向转动），就是借助于带轮的惯性来通过死点位置并使带轮转向不变的。而当该机构正好停于死点位置时，则需在人的帮助下用手转动带轮来实现从死点位置的再次起动。

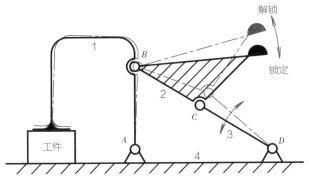

图 7-18 "死点"的应用一
例如图示中的工件夹紧机构,当手柄在力的作用下夹紧工件时,铰链中心 B、C、D 共线,机构处于死点位置,在不破坏构件的前提下,工件加在构件 1 上的反作用力无论多大,也不能使构件 3 转动。这就保证在去掉外力之后,仍能可靠夹紧工件。当需要取出工件时,只要在手柄上施加向上的外力,就可使机构离开死点位置,从而松脱工件。

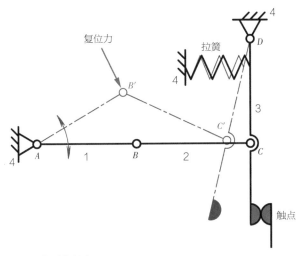

图 7-19 "死点"的应用二
图示为电气设备开关的分合闸机构,合闸时机构处于死点位置,此时触点接合力和弹簧拉力对构件 3 产生的力矩无论多大,也不能推动构件 1 转动而分闸。当超负荷需要分闸时,通过控制装置产生较小的力来推动构件 1 使机构离开死点位置,构件 3 便能转动从而达到分闸的目的。

设计师应该了解的知识点之一,其他相关的选型内容则不在本书的讨论范围之内。

机构的死点位置并非总是起消极作用。在工程中,也常利用死点位置来实现一定的工作要求(图 7-18、图 7-19)。

○ 7.2.3 平面四连杆机构的构件设计

如果说通过解析机器来得到机器的机构运动简图是一个逆向的分析和学习过程,那么通过机构简图来设计构件和零部件实体,则是需要综合设计相关的各种知识和能力来完成,包括力学基本知识、材料选择与成型,以及设计和制图过程中对结构和空间的考量和把握,甚至还要有一定的形体造型与艺术设计的能力(图 7-20 至图 7-23)。

○ 7.2.4 连杆机构的运动和动力特性

运动分析包括在已知机构尺寸及原动件运动规律的情况下,确定机构中其他构件上某些点的轨迹、位移、速度及加速度和构件的角位移、角速度及角加速度(图 7-24 至图 7-27)。

连杆运动的分析方法有图解法、解析法和实验法,连杆运动的各个构件的瞬时状态(速度和受力等)不在本书介绍的范围内,设计工程学主要是解决空间结构和运动结构的实现方式,以及在连杆机构的选型中起到决定作用。

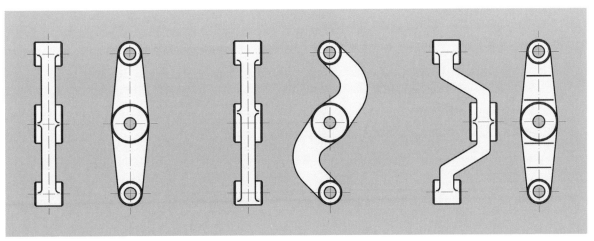

图 7-20 相同运动副连杆构件的不同形体变化
连杆机构中的构件有杆状、块状、偏心轮、偏心轴和曲轴等型式。通常简图上简单的一根线条、几个圈,在实际的设计中会千变万化,可供选择的结构形式非常多。当构件上两转动副轴线间距较大时,一般做成杆状。杆状结构的构件应尽量做成直杆。有时为了避免构件之间的运动干涉,也可将杆状构件做成其他结构。根据构件强度、刚度等要求的不同,可以将构件的横截面设计成不同的形状。

图 7-21 相同功能构件的不同设计方式
构件的形状和细节特征往往和力学强度、材料以及成型方式有关，同时制造成本会有数倍甚至数十倍的差异，因此绝不是说根据机构简图就能轻松完成整个机器的设计。相同作用的构件在普通人看来差别巨大，只有设计师知道它们存在诸多差异的原因。

图 7-22 强调外观、结构与质感的构件
精巧而合理的构件其本身就可以当作艺术品来看待，而某些能够随时被用户看到的结构则对外观有更高的要求，比如窗户的开合挂钩等结构，如果用户对其外观和品质有很高的要求，那么构件的设计方式则趋于精致和艺术化。

图 7-23 机械产品中构件的呈现
精巧的机械构件往往也会提升设计的附加值，如果某些机械构件是直接面对使用者的，那么其精巧结构的视觉表现也非常重要，往往不是简单的几个冲压钢板就能够完成的。同时，相同功能的构件，因为选材和制造工艺的不同，往往成本会相差数倍甚至更高。

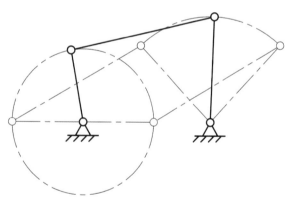

图 7-24 平面四杆机构存在曲柄的条件
首先，若平面四杆机构具有整转副，则可能存在曲柄；其次，最长杆与最短杆的长度之和≤其他两杆长度之和（杆长条件）；第三，连架杆之一或机架为最短杆。

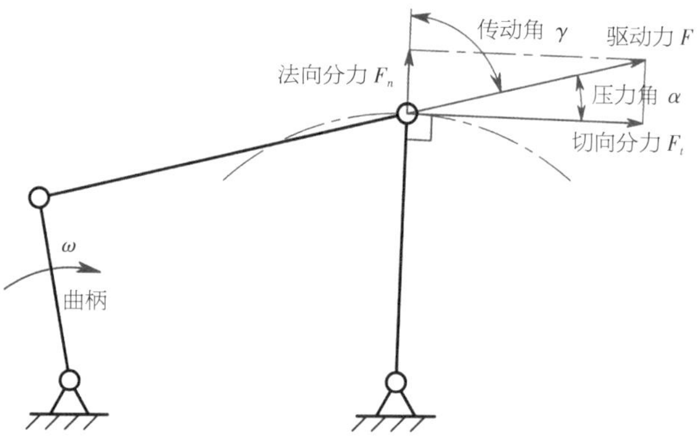

图 7-25 传动角和压力角
压力角是作用在从动件上的驱动力 F 与力作用点绝对速度之间所夹锐角 α。常用 γ 的大小来表示机构传力性能的好坏，γ 角是传动角。由于在机构运动过程中，γ 角是变化的，因此设计时一般要求 $\gamma_{min} \geq 40°$。

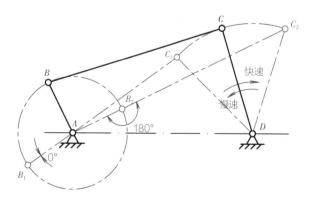
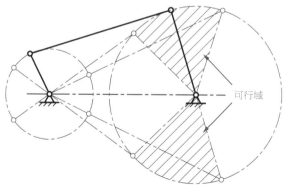

图 7-26 急回特性
从动件作往复运动的平面连杆机构中，若从动件工作行程的平均速度小于回程的平均速度，则称该机构具有急回特性。

图 7-27 机构运动的可行域
以四杆机构为例，摇杆的摆动范围即摇杆的可行域。各构件的长度关系及安装的初始状态，决定了曲柄整周转动时，机构运动的可行域。

7.3 机械传动设计基础

○ 7.3.1 传动系统

机器类产品是完整而复杂的系统，这个系统之所以能够合理、有效地运行，靠的就是各个子系统以及子系统之间的协调与配合。而传动系统则是机械结构中非常重要的一个系统，它起到了承上启下以及各个系统之间物理连接的作用。传动指系统之间的动力传递，也可以说将机械动力通过中间结构（系统）传递给终端结构（系统），成熟的机械传动有带传动、链条传动、摩擦传动、齿轮传动、螺旋传动、液压传动等。

机械传动通常用于传递动力和运动，也可用来分配机械能、变换转速和改变前后端的运动形式，因此能够用于将动力机产生的动力和运动传递给机器的各个工作部分（图7-28）。

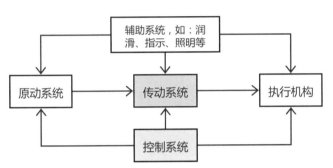

图 7-28 传动系统在机械中的作用示意

图 7-29 变速机构存在的意义
为了达到自行车作为交通工具的基本要求，在腿的转踏速度（摆速）合理的前提下，通过链条和链轮组成的变速系统增加了后轮转动的速度，使得骑行的速度远远大于走路的速度。因为采用了链条来将动力由腿部传导到后轮，同时也就使得前轮的尺寸变得合理，使用更加安全。

图 7-30 机械传动机构
在某些机械产品中，机械的动力部分和作业部分在空间上有一定距离，因此传动机构可以做到相应的距离上的变化。

在机械产品中，原动系统通常是输出机械能的装置，它们共同的特点是运动形式比较单一，此外输出的动力不能完全适合所有的工作情形，因此需要通过传动系统来进行变化和调节。比如电动机作为原动系统，电动机的运动只能是回转运动，要让机器实现复杂的运动，比如直线运动、摆动等则需要通过机械装置来进行变化；而内燃机本质上是把活塞的直线运动转化为了输出轴的回转运动，并且通过了一系列的设计让并不平顺的活塞运动变成了较为匀速的转动，以便进一步利用输出动力，汽车能够前进、后退，能够牵引重物，离开了传动系统基本是不可能实现的。

总的来说，传动系统存在的意义基于以下几点：

一是机器工作部分所要求的速度和转矩与动力机通常不一致，比如电动机通常是高转速低扭矩，要能牵引重物必须降低转速并提高扭矩；

二是有的机器工作部分常需要改变速度，比如汽车变速箱就是一种能够改变转速的传动系统（图7-29）；

三是动力机的输出轴一般只作回转运动，而机器工作部分有的需要其他运动形式，如直线运动、螺旋运动或间歇运动等，因此传动系统起到了变换工作形式的作用；

四是由一台动力机带动若干个机器工作，或由几台动力机带动一个机器工作，这个时候需要传动系统；

五是机械产品中相关安全、维护、尺寸等需要传动系统，比如传动带可以将动力机和执行部分拉开距离，让作业面远离精密的动力系统（图7-30）。

○ 7.3.2 传动系统设计

传动系统设计的原则有如下几点：

一是传动首先应当满足机器工作部分的要求，并使动力机在较佳工况下运转。作为原动系统，通常动力机产生的机械能有一定的功率限制，并且有一个安全的转速，超过这个限制轻则达不到工作部分的使用要求，重则降低机器寿命甚至烧毁动力机。简单的动力机，比如依靠水力驱动的水轮，通常河流的水量和流速都较为恒定，要通过水轮来驱动机器，则必须考察工作机（比如磨面）的工作负荷，超过负荷通常是"带不动"的。

二是小功率传动可以选用简单的装置，以降低成本。大功率传动则优先考虑传动效率、节能和降低运转费用。

三是当工作部分要求调速时，如能与动力机的调速性能相适应，可采用定传动比传动。动力机的调速如不能满足工艺和经济性要求，则应采用变传动比传动。工作部分需要连续调速时，一般应尽量采用有级变速传动。无级变速传动常用来组成控制系统，对某些对象或过程进行控制，这时应根据控制系统的要求来选择传动。

四是在定传动比传动能满足性能要求的前提下，一般应选用结构简单的机械传动。有级变速传动常采用齿轮变速装置，小功率传动也可采用带或链的塔轮装置。无级变速传动有各种传动形式，其中机械无级变速器结构简单、维修方便，但寿命较短，常用于小功率传动；液力无级变速器传动精确，但造价甚高。选择传动装置时还应考虑起动、制动、反向、过载、空挡和空载等方面的要求。

○ 7.3.3 齿轮传动

齿轮是一种轮缘上有齿的机械零件，它们能连续啮合以传递运动和动力（图7-31）。

齿轮传动的原理看似并不复杂，其本质上是将运动和动力通过相互啮合（接触并相互关联）的一系列齿来进行传递（图7-32），因此自古的能工巧匠都能一定程度上完成齿轮机构的设计和制作，简易的齿轮甚至用圆周排列的木棍就能够完成传动（图7-33）。然而就现代机械来讲，齿轮却远远没有我们想象中的那么简单，它牵涉到一系列复杂的计算，牵涉到传动的平稳性、机械构件的强度、机器的可靠性、操控性和使用舒适性，还需要考虑到机

图7-31 齿轮主题插画
齿轮也是现代机械中最常见、最普及以及最具有代表性的机械元件之一，甚至出现在很多展现工业文明的画作中。

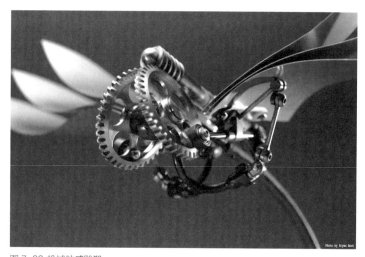
图7-32 机械动感雕塑
很多现代主义艺术作品中都能见到体现机械及机械社会的力量、有序、宏大以及神秘的齿轮结构，齿轮本身的完美结构就是艺术表现的内容之一。

图7-33 应用齿轮传动的机械产品或装置
齿轮通常用于传递圆周运动，机器应用齿轮系统可以用于变换转速、改变力矩、改变转动方向等，因此可以用于加速、减速、省力、动力匹配、结构和空间的适配等场合。

械齿轮的精密加工以及制造成本等因素，因此往往齿轮机构的设计会比较复杂。而齿轮传动系统在整个机器中则占据了大量的制造时间和生产成本，因此不得不引起设计师和工程师的重视。

公元前古希腊哲学家亚里士多德即阐述了用青铜或铸铁齿轮传递旋转运动的问题，阿基米德、古蒂西比奥斯都曾研究过齿轮，实际都以木棍等来实现齿轮的结构。发展到 14 世纪，西方开始在钟表上使用齿轮，齿轮的设计和应用开始逐渐成熟并走向巅峰。

我国出土的文物中，就有齿轮或者类似齿轮传动的机构出现，文献中也有关于齿轮机构的描述，因此齿轮机构在人类文明的发展史上并不是孤立的。这里用一个似乎不太恰当的比喻，即这种发展类似于生物界的趋同进化，在人类解决实际的生产生活问题的过程中，总能够"英雄所见略同"，将解决问题的手段趋向一致。也说明机械工程在人类各个文明中的本质是一致的，它们的存在就是为了方便、高效地解决人类的各种工程需求。

齿轮机构的运转本身就是一个复杂的几何问题，人们需要知道齿轮啮合并运动的整个过程，因此研究了很多齿廓的形态，最终选择了少数几种齿廓曲线，其中就包含了渐开线（图 7-34）。首先，轮齿接触点的公法线必须通过中心连线上的节点，一条辅助瞬心线分别沿大轮和小轮的瞬心线（即齿轮的节圆）纯滚动时，与辅助瞬心线固联的辅助齿形在大轮和小轮上所包络形成的两齿廓曲线是彼此共轭的，这是渐开线齿廓才能够实现的；其次，中心距变化时，渐开线齿轮具有角速比不变的优点；最后，历史上展成切齿法的原理及利用此原理切齿的专用机床与刀具的相继出现，使齿轮加工具备较完备的手段，渐开线齿形更显示出巨大的优越性，切齿时只要将切齿工具从正常的啮合位置稍加移动，就能用标准刀具在机床上切出相应的变位齿轮。

除了渐开线齿廓外，较为常用的还有圆弧齿廓、外摆线齿廓等。

对于非机械类专业的设计师而言，设计中需要掌握和应用的齿轮机构的相关知识有以下几点：

1. 齿轮机构是一种非常成熟的机械机构，其运行原理和设计理论几乎不需要我们去做突破和发展，我们要做的是学会查阅资料，学会选型（图 7-35）。

2. 动力机一般是高转速低扭矩的电机或内燃机，若要达到使用条件，需要对其降低转速、提升扭矩，通常齿轮传动机构就能够达到这样的效果。比如交通工具的齿轮减速器，齿轮让动力机的转速降低到轮胎正常行进的转速，同时提升了轮胎的扭矩，扭矩我们可以理解为车辆的牵引力。

3. 理论上齿轮的速比可以很高，但实际应用中却有一定限制，通常受限于制造成本和体积等因素。如果很高的速比仍然不能达到使用条件，这时候则需要从动力机方面进行调整和重新选型，往往动力机和齿轮传动机构之间会存在很协调的配比关系。成熟的机器设计中，动力机和变速箱的匹配也相对比较成熟，很难做出大的改变。

4. 齿轮传动效率很高，在传动过程中的机械能损耗要小于带传动和链传动等，同时精密的齿轮传动其产生的

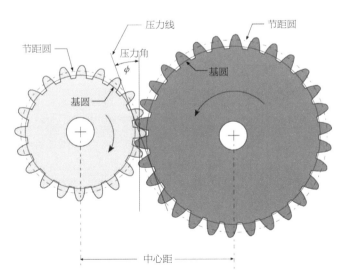

图 7-34 渐开线齿轮与几何参数
渐开线齿轮的计算较为复杂，然而成熟的齿轮设计只需要通过简单的选型和查阅型录库即可实现，因为齿轮的规格型号等都形成了标准化和系列化，设计师工作的重点转化为了齿轮系统的工作原理和工作过程这一层面上来。我们没有必要从技术应用的角度切换到科学研究的角度去解决问题。

图 7-35 齿轮选型
齿轮通常分为直齿、斜齿、伞形齿、蜗轮蜗杆、齿轮齿条等各种形式，通常其传动的动力大小有差别、传动比范围有差别、加工难易程度有差别、使用的场合有差别，因此需要我们多辨析和学会选型。

噪声也非常低，齿轮传动是一种非冲击的传动。

　　5. 齿轮传递运动和动力的部分只有相啮合的两个齿，因此理论上齿轮的机械强度是较低的，要实现较大扭矩的传递，往往对齿轮自己的强度会提出很高的要求，因此对齿轮材料的选择以及热处理等方式都会使得齿轮的造价大幅度提升。

　　6. 一般来讲，实现齿轮的几何尺寸精度只能靠切削加工，因此其生产效率也赶不上其他成型方式，同时使得其造价提升；现代的齿轮可以通过粉末冶金等方式来成型，其造价依然不会低廉；低速、低扭矩的场合使用的塑料齿轮，通过注塑工艺，可以以很廉价的方式实现齿轮的生产制作。

　　7. 齿轮传动是一种近距离的传动方式，不太适合超过自身直径数倍的传递距离，长距离的传动往往交给带传动或链传动。

　　8. 齿轮传动的传动比是固定的，难以实现无级变速。

　　9. 齿轮的传动需要在比较洁净的环境中实现，污物和沙砾等会加速齿轮磨损甚至完全损毁齿轮机构，因此重要的齿轮传动机构往往是放置在近似密封的环境中，此外还需要提供润滑以降低摩擦和保持清洁环境，比如汽车和摩托车的齿轮变速机构，集中放置后形成箱体，叫作"变速箱"。箱体和实现润滑条件，这无形中又大大提高了齿轮传动的成本（图7-36）。

　　10. 齿轮传动抗过载能力差，抗冲击的能力也不强，刚性的齿在受到超过自身强度极限的冲击力的时候，往往会断裂，同时断裂的齿会在齿轮箱中造成一系列灾难性的连锁反应，使得整个传动机构几近报废；要避免冲击力对齿轮传动机构带来的影响，需要额外设计相关的缓冲机构来应对，这无形中又提高了齿轮传动的成本。

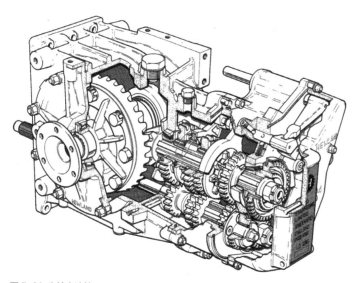

图 7-36 齿轮变速箱
变速箱是将变速系统的机架设计成封闭的箱体结构，除了能够提高整个系统的刚性以外，在箱体结构中还可以实现密封的润滑系统，润滑系统同时也起到了热量传导和散热的作用。

○ 7.3.4 带传动

　　带传动是利用张紧在带轮上的柔性带进行运动或动力传递的一种机械传动（图7-37）。

　　带传动是一种较为廉价和容易实现的机械传动实现方式，也是初学者学习机械传动和机械结构容易上手的一种机构，但日常生活中我们往往会忽略它。最初进入我们视线的是老式的机械缝纫机，它的踏板驱动大皮带轮转动后，通过皮带带动缝纫机的主轴皮带轮，那时候的传动带真的就是皮革做的，因此很长时间内我们将其称之为皮带传动。带传动的门槛低，成本低，但是传动带的寿命有限，因此带传动往往在设计中应用在低端产品上面。现代的带传动材质得到了长足发展，但都脱离不了柔软的聚合物材料，还有就是各种材料复合而成的环形传动带。

　　根据传动原理的不同，靠带与带轮间的摩擦力传动的叫作摩擦型带传动，有靠带与带轮上的齿相互啮合传动的是同步带传动。带传动通常由主动轮、从动轮和张紧在两轮上的环形带组成。

　　除了廉价易得，带传动具有结构简单、传动平稳、能缓冲吸振、可以在大的轴间

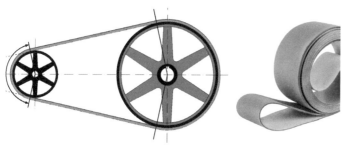

图 7-37 带传动示意
图为结构简单的摩擦型带传动。带传动的传动比就是主动轮和从动轮直径的比值，在带传动的作用下，从动轮会得到和主动轮不一样的转速，同时也会得到不一样的转矩。

距和多轴间传递动力，不需润滑、维护容易等特点，在近代机械传动中应用十分广泛。此外，摩擦型带传动能过载打滑（对机器起到保护作用）、运转噪声低，在传动比准确性要求不高的场合表现优秀（通常摩擦型带传动的滑动率在2%以下）；此外，带传动除用以传递动力外，有时也用来输送物料、进行零件的整列等（图7-38）。

对于非机械类专业的设计师而言，设计中需要掌握和应用的带传动的相关知识有以下几点：

1. 传动带的种类通常是根据工作机的种类、用途、使用环境和各种带的特性等综合选定，通常分为一般工业用传动带、汽车用传动带、农业机械用传动带和家用电器用传动带等。

2. 摩擦型传动带根据其截面形状的不同，又分平带、三角带（Ｖ带）、多楔带和圆带等。

3. 若有多种传动带满足传动需要时，则可根据传动结构的紧凑性、生产成本和运转费用，以及市场的供应等因素，综合选定最优方案（图7-39）。

4. 平型带传动工作时带套在平滑的轮面上，借带与轮面间的摩擦进行传动。

5. 平型带传动型式有开口传动、交叉传动和半交叉传动等，分别适应主动轴与从动轴不同相对位置和不同旋转方向的需要。

6. 平型带传动结构简单，但容易打滑，通常用于传动比为3左右的传动。

7. 平型带有胶带、编织带、强力锦纶带和高速环形带等。胶带是平型带中用得最多的一种，它强度较高，传递功率范围广；

图 7-38 带传动应用
带传动原理简单、造价低廉，同时维护和维修也比较简单方便，在早期的机械产品就已经得到了广泛的应用。

图 7-39 带传动的多样性
带传动的优点非常明显，在现代机械中也得到了大量应用，从简单的自行车到发动机的燃油、配气系统，以至于复杂的自动化机械当中，带传动都有用武之地。

编织带挠性好，但易松弛；强力锦纶带强度高，且不易松弛。平型带的截面尺寸都有标准规格，可选取任意长度，用胶合、缝合或金属接头连接成环形。

8. 三角带传动工作时带放在带轮上相应的型槽内，靠带与型槽两壁面的摩擦实现传动。三角带通常是数根并用，带轮上有相应数目的型槽。

9. 三角带与轮接触良好，打滑小，传动比相对稳定，运行平稳。

10. 三角带传动适用于中心距较短和较大传动比（7左右）的场合，在垂直和倾斜的传动中也能较好工作；此外，因三角带数根并用，其中一根破坏也不致发生事故。

11. 同步带的工作面做成齿形，带轮的轮缘表面也做成相应的齿形，带与带轮主要靠齿的啮合进行传动。

图 7-40 以带传动为主的动感装置
相对于其他传动形式，带传动往往更容易理解，并且作为模型实物而言，其功能能够快速实现。

图 7-41 链传动
链传动的传动比是通过主动轮和从动轮的齿数比来实现的，因此计算上往往也不复杂。

12. 同步带内钢丝绳制成的强力层受载后变形极小，齿形带的周节基本不变，带与带轮间无相对滑动，传动比恒定、准确。

13. 同步带薄且轻，可用于速度较高的场合。传动时线速度可达 40 米 / 秒，传动比可达 10，传动效率可达 98%。

14. 同步带传动结构紧凑，耐磨性好。

15. 同步带的制造和安装精度要求甚高，要求有严格的中心距，故成本较高。同步齿形带传动主要用于要求传动比准确的场合，如打印机、扫描仪等电脑周边设备，数控机床、3D 打印机、机器人等数控设备，电影放映机、纺织机械等复杂的时序性较强的机器设备。

带传动的艺术设计案例见图 7-40。

○ 7.3.5 链传动

链传动是通过链条将具有特殊齿形的主动链轮的运动和动力传递到具有特殊齿形的从动链轮的一种传动方式。通常我们认识链传动是从观察和使用自行车开始的，从机械强度、传动比、传动距离、生产成本等各方面来讲，链传动基本就是自行车采用的最合适的传动方式（图 7-41）。

链传动有许多优点。与摩擦型带传动相比，链传动无弹性滑动和打滑现象，平均传动比准确；工作可靠，效率高；传递功率大，过载能力强，相同工况下的传动尺寸小，所需张紧力小，作用于轴上的压力小；能在高温、潮湿、多尘、有污染等恶劣环境中工作。

与齿轮传动相比，链传动的制造和安装精度要求较低；当传动中心距较大时其传动结构比齿轮传动简单很多，造价低很多（图 7-42）。

图 7-42 链传动的多样性
链传动的形式多样，应用范围也非常广泛。同样的，在设计中需要用到链传动的时候，往往我们可以通过查阅相关资料来完成设计，甚至是直接选用成熟的模块来进行匹配设计。

图 7-43 链传动与设计创作
链传动的传动过程通常比较直观，可以让产品呈现出很高的趣味性。通过对机械装置的操作，可以让参与者获得机械操作的乐趣，而不是仅仅看到一个自动化的机器神秘地自己工作，然后给你提供一杯"神秘"的饮料。

链传动的缺点主要有：链传动仅能用于两平行轴间的传动；链传动成本比带传动高，与齿轮传动比较易磨损，较易伸长，传动平稳性差；链传动运转时会产生附加动载荷、振动、冲击和噪声，因此不宜用在急速反向的传动中。

链传动的设计应用案例见图 7-43。

7.4 机械设计与创新

过去设计师谈到结构和机械方面的创意，多提到仿生学（图 7-44）。然而设计的仿生学如果没有科学技术和工程知识的介入，也会变成空谈。早些年仿生学较热门的时候，各种研究源源不断，设计师这边也是跃跃欲试（图 7-45）。然而经过多年的发展，研究者们感觉到后继乏力，因为很多基础研究需要长时间的努力才能被转化，而设计师这边由于缺少相应的工程知识，更是没有办法把非常基础的学科用于产品设计，一般来讲就是对生物进行形态研究，提取图形化的造型元素，然后归纳所谓的"意向图"。这样，仿生学变得越来越边缘化。

仿生学是一门模仿生物的特殊本领，利用生物的结构和功能原理来研制机械或各种新技术的科学技术。某些生物具有的功能迄今比任何人工制造的机械都优越得多，仿生学就是要在工程上实现并有效地应用生物功能的一门学科。确切地说，仿生学是研究生物系统的结构、特质、功能、能量转换、信息控制等各种优异的特征，并把它们应用到技术系统，改善已有的技术工程设备，并创造出新的工艺过程、建筑构型、自动化装置等技术系统的综合性科学（图 7-46）。从生物学的角度来说，仿生学属于"应用生物学"的一个分支；从工程技术方面来看，仿生学根据对生物系统的研究，为设计和建造新的技术设备提供了新原理、新方法和新途径。

我们知道，解决一个问题需要专业的知识和能力，然而从设计学的方法论来讲，解决问题的能力不一定在于掌握专业知识的多少，有时候在于解决问题的方法。如果用巧妙的

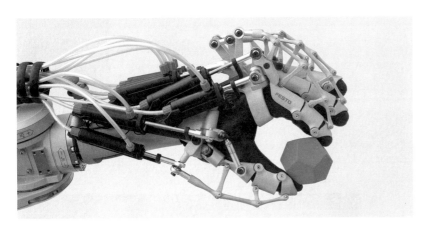

图 7-44 机构仿生
机构仿生的基础是建立在对生物体机械运动机构的理解与研究的基础之上，能够更加符合人们的使用习惯和评价标准。

图 7-45 仿生应用
图为仿生动力外骨骼装置。在自然界中，一般是把虾、蟹、昆虫等节肢动物体表坚韧的几丁质的骨骼称为外骨骼，外骨骼有保护和支持内部结构，防止体内水分大量蒸发，甚至能够作为攻击性武器使用。而人造动力外骨骼是一种穿戴在肢体上的辅助行动设备，一般以电能驱动输出机械动力，在微电脑的控制下对整个系统进行协调控制，能够代替肌肉进行负重、增速等工作，这种设备在有些场合也叫可穿戴装备。

图 7-46 铰链创新设计（柔铰）
我们知道铰链（转动副、肘结）结构在机械运动中扮演很重要的角色，很多时候机械运动都围绕这种转动副来工作，然而机械结构中的转动副往往是比较复杂的，要有两个以上的构件来形成空间约束。而利用材料自身的一些特点，比如熔融的塑料材料通过缝隙后发生分子结构的取向，使得薄片塑料结构获得了良好的弯折韧性，利用类似的现象可以做成简单高效的转动副结构，最终用简单的结构实现复杂的机械运动。

方法去解决看似复杂的问题，或者是解决问题背后的问题，或者是从设计的角度洞察问题的本质，那么专业、枯燥的过程会变得有趣。从人和科技的关系来看，有时候人要的不是一个高科技、高智能化的产品，适当"笨拙"一点儿的解决方案本身也是一种趣味性，一种人性化的解决方案（图7-47）。或者说，我们通过设计，能够用"低科技"、低成本、高情商、高人性化的设计手法去达到设计目的，就没有必要把设计搞得冷冰冰的，这本身也是一种创新，这种创新对于机械类产品设计来讲尤为重要（图7-48）。

图 7-47 螺旋副创新设计
螺旋副常用于机械结构中作为零部件使用，然而直接将螺旋副应用于产品并作为一个醒目的结构呈现出来，这就是创新设计，这种设计本质上是利用了机械运动的基本原理，仅仅是带入了良好的用户体验和良好的视觉属性，即能够达到很好的效果。

7.5 练习与实践

对于机械设计相关的章节，我们学习的目标有如下几个方面。

○ 7.5.1 我们需要掌握的基础知识

1.掌握常用机械运动机构类型的运动原理，尝试根据资料进行计算；

2.掌握与运动相关的机械零件结构的设计要点，了解从原理到实物的过程中的常见问题类型，并知道常规应对方案；

3.掌握机械设计相关标准和数据资料的查询，如机械零件手册、机械机构图册等，并从中准确获取所需知识。

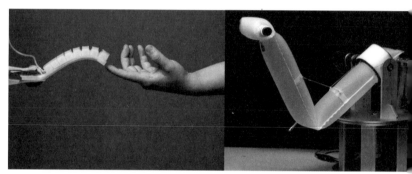

图 7-48 柔顺机构应用
柔顺机构是利用柔性关节替代传统刚性机构中的运动副，利用自身柔性构件的弹性形变而非刚性元件的运动来转换力、运动或能量的一种免装配机械机构。和传统的刚性机构相比，柔性机构具有零件数量少、质量轻、可靠性高等特点，有助于减少机构运动中的摩擦、磨损、冲击振动和噪声等缺陷，从而提高机构精度，增加机构可靠性，减少维护工作等优点。

○ 7.5.2 知识应用的要点

1.能够从产品实物中识别出运动特征，找出运动构件，提炼并归纳为基本机械运动机构类型；

2.能够掌握机构简图的绘制方法，根据需求开展初步的设计，包括：不同形式的运动之间的转换；尝试对运动特征的操作，如平移、缩放、复制、阵列，以及简单的运算等；基本运动的组合设计；

3.尝试从有趣的、创意的角度去组合各个机械机构运动，画出整个系统的运动草图（图7-49）；

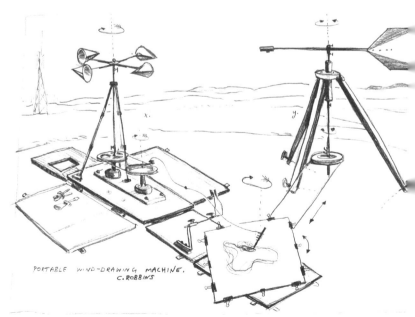

图 7-49 机构设计草图
通过草图的形式去表达和完善对于机械运动和控制的构想，能够起到事半功倍的作用。通过草图搭建的框架，在后续设计中加以完善，再以模型的形式进行验证，那么离最终的工程结构已经非常接近了。草图的绘制可以通过平时的绘画功底来实现，其质量在于能够保证自己和他人能看懂，能交流即可。

4.能够完成从机构简图到实物机构的设计，并基于板材、3D 打印等实物载体实现机构（图 7-50）。

○ 7.5.3 需要掌握的工具

一般要求学生能够掌握基本的设计软件，比如 AutoCAD、Rhinoceros 等，能够掌握从绘制机构运动简图到实体建模，从简单的虚拟装配和运动分析到最后的工程图纸的出图。此外根据实验条件和动手能力，需要掌握设计软件向激光雕刻机、数控铣床、3D 打印机等诸多加工设备提供可操作的数模或矢量图形，一定要有能力将自己的想法最终以模型的形式制作出来，让设计的产品动起来，这是本课程学习最本质的东西（图 7-51 至图 7-55）。

图 7-50 功能验证模型
从草图过渡到功能模型，需要强大的动手能力和解决问题的能力，有时也需要团队的共同努力。在机械结构案例中，随着时代的发展和设计师综合能力的提高，往往不一定是纯机械结构来实现运动功能，通常会结合电子、电气来实现整个创作功能。不拘泥于一种方法和一种形式，才能够有所发现，有所创新。

图 7-51

图 7-52

图 7-53

图 7-54

图 7-55

图 7-51 至图 7-55 各种形式的机械模型
将所学到的所有成型加工的方式可以应用到模型的制作中去，针对身边的具体实验条件，得到一个能够实现机械运动的机器其实并不是那么遥不可及。图中的模型即用到了增材制造、激光切割甚至是乐高拼装玩具模块等，一切以能够验证机械运动和机械结构为准。

○ 7.5.4 学习方法

对于机械设计的相关章节，我们采用的学习方法有：

一、多看多认

要看到机器类产品最本质的东西，识别出机械运动的原理，知道铰链、杆件、滑块、缸体、高低副、凸轮、棘轮等结构和功能性的元素。这类似于我们读书，首先要把书本读厚，从一个知识衔接到另外的一堆知识，然后再有能力把书本读薄，要有能力构建出自己的知识体系和大框架，在应用到这些知识的时候知道从哪里去寻找解决问题的答案（图 7-56）。

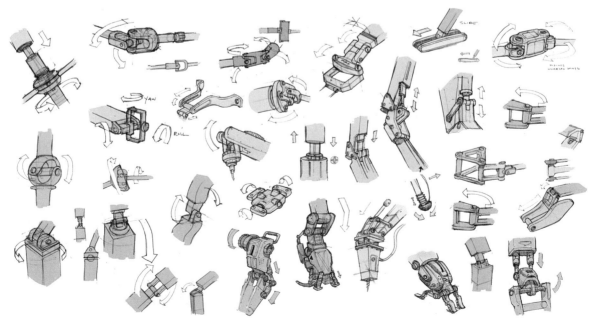

图 7-56 掌握自己的学习方法
俗话说笨鸟先飞，如果抽象思维能力较为欠缺，我们可以借助强大的具象思维和手绘功夫。用绘画、临摹的形式来学习，也是一种好方法。通过解构机器，我们才能够做到深入了解机械原理。

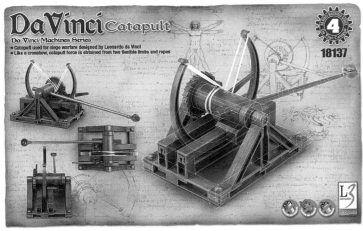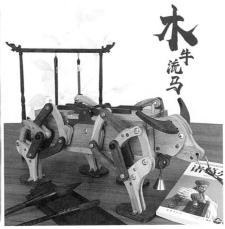

图 7-57 来自"淘宝"的机械模型
如果对全新的创作倍感吃力，其实通过已有的产品来学习也是很好的一种方法。买来的模型拼装起来最多算作少年儿童的课外训练，而能够通过购买的模型来测绘并改良（根据自身条件改变加工方式等），再制作一个全新的模型，这应该是设计师入门机械设计的基本功了。

  然而真正的操作并不简单，牵涉到自己的背景知识体系和对设计类专业的热衷程度。对于这些偏理工的知识，很容易不识庐山真面目，没兴趣和动力去研究。然而研究机械设计类，积累案例，需要量的积累，需要跟很多的油乎乎脏兮兮的东西打交道，但是似乎我们要的就是这种精神。

  二、会借鉴懂改良

  大部分常规机械机构基本上在 20 世纪都已经被研究透了，我们现在能够在图书馆里把相关的机械结构找到并优选出来已经非常不错了。对于机械类产品的设计和创意，从设计的本质来看，我们需要的是激情和创新；从设计思维的角度来看，我们的手段是借鉴和组合；我们的优势是站在巨人的肩膀上看问题。

  从设计的角度来看，我们并不反对拿来主义，因为优选、原理应用本来就是设计，就是创新（图 7-57）。然而设计和创新的前提是需要足够的案例储备，这个问题似乎又回到了起点，至少在用到时知道去哪里寻找和借鉴。

  三、动手实践代替一切

  我们学习机械设计，可能在有些设计师的认知里就像机械工程专业的一个简化版：在人家那里是一整个学科，在工业设计里只是一门课，或者仅仅是一个章节。从本书一直强调的一点来看，在实际的产品研发团队中，设计师不能把所有跟机械设计相关的工作都推给工程师，并且对设计师而言放弃了这么大一个创新的源泉真的很可惜。然而短短的时间要能够具备实用的设计能力，长期的积累是少不了的，但是本质上我们是有捷径的，那就是把繁琐的计算等工作变成实实在在的动手制作。动手制作会给自己建立一个完整的相关的知识体系，认真的动手制作过程会扫清一切知识死角，同时培养非常强大的解决问题的能力和组织能力（图 7-58）。

  反观传统的机械工程相关的专业教学，直到学生做完毕业设计并离校工作，都没有机会完成一套自己的设计产品实物，哪怕是一个最简单的减速器。这样的教学是非常不全面的，设计不应该仅仅停留在纸面，我们通过几个实物模型的演练，哪怕只是简单的板材结构和 3D 打印模型，设计师们对机械的感悟和理解也会比机械专业的学生上一个档次（图 7-59）。这应该算是工业设计的一个优势吧。

图 7-58 作品"文字放大机"
简单的机械，简单的应用，不简单的表现形式，是对最基础的机械原理的应用。

图 7-59 可折叠载人月球车
图为四川美术学院段胜峰、杨承颖等的设计作品，已完成工程样机制作，并获得国家发明专利。本作品的折叠机构是比较典型的连杆机构，通过折叠，
月球车的运输体积大幅度缩减，在不降低可靠性的前提下极大降低了宇航运输成本。

第 8 章
包装结构及收纳结构
设计研究

8.1 包装结构设计

包装设计已经非常成熟，专业性非常强，我们可以从包装结构设计、绿色设计和创新设计着手来开展产品包装设计（图8-1）。

○ 8.1.1 包装的分类

1. 按包装在流通过程中的作用分为单件包装、中包装和外包装等；

2. 按包装使用次数分为一次用包装、多次用包装和周转包装等；

3. 按功能分为运输包装、贮藏包装和销售包装等；

4. 按产品种类分为食品包装、药品包装、机电产品设器包装、危险品包装等；

5. 按包装技术方法分为防震包装、防湿包装、防锈包装、防霉包装等；

6. 按包装容器的软硬程度分为硬包装、半硬包装和软包装等；

7. 按包装制品材料分为纸制品包装、塑料制品包装、金属包装、竹木器包装、玻璃容器包装和复合材料包装等；

8. 按包装结构形式分为贴体包装、泡罩包装、热收缩包装、可携带包装、托盘包装、组合包装等。

针对不同种类的包装，相应地有不同的结构设计方式，很多时候需要通过实物模型来验证设计的合理性（图8-2）。

图8-1 附加结构、功能的包装
很多时候包装的用途是一次性的，如果我们能够延伸包装的功能，让包装不仅仅是"包裹"住产品那么简单，那么对于保护环境是有积极意义的。

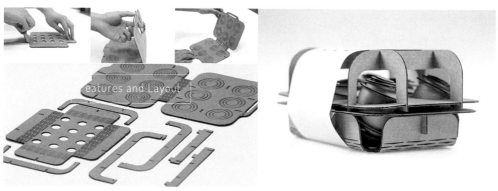

图8-2 包装结构设计
包装的功能和结构细节往往需要通过模型来验证，如果确定要批量生产，那么定型后应该进行和批量生产工艺匹配的"打样"过程，以确定设计是否完全满足外观、使用和生产工艺等各方面的要求。

○ 8.1.2 包装结构设计的要求

包装结构设计是从包装的保护性、方便性、复用性等基本功能和生产实际条件出发，依据科学原理对包装的外部和内部结构进行具体考虑而得的设计。它伴随着新材料和新技术的进步而变化、发展，达到更加合理、适用、美观的效果。

选用不同质地的材料，不同结构的包装造型给人的感觉也是不同的。不管是哪一类商品的包装结构和造型设计，都必须符合产品自身的属性，符合产品的特色，使包装和产品融合在一起。包装结构设计，首先以有效地保护商品为主要功能；其次应考虑仓储、装运、减震、陈列、携带等辅助功能；最后还要考虑环保性、外观美化、检视等功能，主要有以下几条：

1. 容装性：产品依靠包装进行容装。产品有固态、液态等，其体积、数量也各有不同。在进行结构设计时，应充分考虑包装的容装功能，必须能够可靠地容装所规定的内装物数量。

2. 保护性：包装的功能之一是保护商品。产品生产出来后，要经过一系列流通渠道才能到达消费者手中，结构设计的目的正是针对这些不利因素采取技术措施加以保护，既包括对内装商品的保护，也包括对包装自身的保护。一般来说，结构设计主要考虑其载重量、抗压力、震动、跌落的性能等多方面的力学情况，考虑是否符合保护商品的科学性，如防潮、防锈、防霉、防污染、防盗窃等。

3. 方便性：优良的包装应具有广泛的方便性。方便功能一般包括方便包装、方便运输、方便装卸、方便堆码、方便储存、方便销售、方便携带、方便开启使用、方便处理等。在结构设计时，要考虑到用户的实际需要。包装的方便功能对产品销售会产生巨大影响，设计时应认真考虑。如罐头食品若罐盖难以开启则会使消费者望而却步，瓶装液体若瓶口太小就不方便灌装和使用等。

4. 陈列显示性：包装必须具有明显的辨识性，在充分显示商品的前提下具有良好的展示效果，在琳琅满目的货架陈列中以自身显著的特点使消费者易于辨识。

5. 生产工艺上的合理性：在设计包装结构时，应尽可能用"简单的方法"制作大批量生产的包装，以期降低成本，增加产品竞争力。

○ 8.1.3 包装的结构形式

商品的包装结构一方面基于商品对包装的需要，另一方面也基于包装材料自身的特性。成熟包装容器的结构形式如下：

1. 盒（箱）式结构。这种结构多用于包装规则状物体的商品，既保护商品也利于叠放运输，是一种常见的包装结构（图8-3）。通常由纸材料制成，较少使用塑料、木、金属等材料。

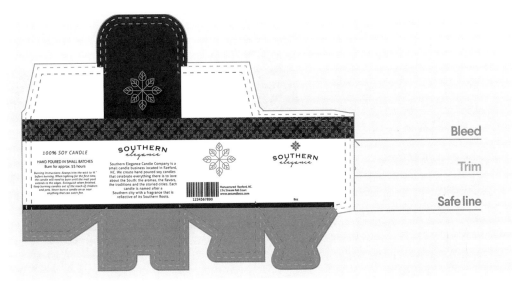

图 8-3 盒式纸包装结构设计

前面我们知道，对于板材结构的产品，我们在折弯之前要根据图纸进行裁剪，这样就要求设计师能够对立体的包装结构进行展开处理，绘制展开图。

2.罐（桶）式结构。这种结构用于包装液体、液固混装以及粉末或沙粒状商品。它可以密封，利于保鲜，多以金属材料制成。

3.瓶式结构。瓶多用于包装液体商品，并加以金属或玻璃瓶盖，具有良好的密封性能。常见的如化妆品瓶、药瓶、酒瓶、饮料瓶等。

4.袋式结构。袋多用于包装固体商品，是用柔韧性材料制成的袋类容器，如布袋、麻袋、编织袋、塑料袋、铝箔袋、纸袋等，其优点是省料、生产工艺简单、方便运输和携带。

5.管式结构。管多用于包装半流动材料，通常以塑料软管或金属软管制成，便于使用时挤压。广泛应用于药品、化妆品、化工产品等包装。

6.泡罩式结构。将产品置于纸板或塑料板、铝箔制成的底板上，再覆以与底板相结合的吸塑透明罩，因此能通过透明罩进行检视。

8.2 产品收纳结构设计基础

折叠结构的使用，很多时候是基于机械机构的应用，能够将非常抽象的连杆机构、运动副等转化为实实在在的折叠结构，同时还必须要掌握新材料、新理念的应用，比如柔性铰链、柔顺机构等，才能够在看似简单的折叠机构中加以应用。

折叠只是手段，折叠的根本目的是减少包装空间，降低包装费用，同时实现资源利用最大化和保护环境。因此"折叠"本身可以换个设计思维的角度来进行思考，把设计目标问题化，即"如何减小包装空间"。我们通过以下几点展开折叠、收纳结构设计的研究。

○ 8.2.1 套叠结构

套叠结构主要是通过结构设计使制品间发生套叠关系，从而实现在储运过程中减小空间占用的目的。

好的套叠结构设计不仅可以有效、便捷、经济地实现储运需求，同时还可以使产品充满智慧和富有情趣。这本身也是一个精细的工程，但是这个工程并不能交给工程师去做，在产品设计的一开始就必须把套叠关系调理清楚，否则在后期设计中，一点儿小小的外观改动都会影响到整个套叠结构的成败。

好的套叠结构甚至可以作为产品的一个亮点，作为和其他产品竞争的一个有效砝码。

套叠结构在设计的过程中，不仅要考虑套叠过程，还要考虑拆分过程。不能说套叠非常容易，但是拆分需要比较复杂的手段；或者说不能只贪图套叠方便，结果在套叠的产品时产生了擦伤和缺损；这些都是需要考虑的。

套叠结构的设计主要是空间的设计，灵活应用产品的空间形态和材料、工艺特点加以创新（图8-4）。

○ 8.2.2 折叠结构

折叠结构是一种产品在使用的时候可以展开，而不用的时候可以折叠的结构。

这种结构往往有几方面的意义，一方面是产品在使用的时候体积和占用空间比较大，折叠后会明显地

图8-4 套叠结构应用
套叠结构的实现不需要大量的计算和机构的分析，有时候经验和借鉴会有一定的帮助。同样的，通过实物模型来验证其工程结构的合理性是一个很好的习惯。

减小占用空间，比如雨伞，折叠后体积小巧携带方便，也不影响他人。另一方面就是产品的折叠本身就是一种保护设计，比如折叠后的小刀不至于伤人，折叠后的雨伞也不容易戳伤路人。某些折叠后的产品在结构强度方面会大大超过展开的情形，对于保护产品本身也是一种必要手段。

在建筑领域，折叠机构可用于施工棚、集市大棚、临时货仓等临时性结构；交通工具应用折叠机构，可以完成篷车、房车等扩展空间功能的实现；在航空航天领域，折叠结构有着不可替代的地位，已用作可折叠太阳电池板、可展式天线等。

要实现折叠，分析机械机构的原理是关键。我们可以根据结构展开成型后的稳定平衡方式把折叠结构分为结构几何自锁式、结构构件自锁及结构外加锁式。

1. 结构几何自锁式又称自稳定折叠结构，其自锁原理主要是由结构的几何条件及材料的力学特性决定。在这种结构中，剪铰以一定方式相连而组成锁铰，锁铰中每根杆件只有在折叠状态与完全展开时，才与结构的几何状态相适应。自稳定折叠结构展开方便、迅速，但其杆件抗弯刚度比较小，因而承受外荷载能力低，只适合小跨度情况。

2. 结构构件自锁式主要是靠铰接处的销钉在结构展开时自动滑入杆件端部预留的槽孔处而锁定结构（如某些雨伞）。

3. 结构外加锁式亦称附加稳定结构，在结构展开过程中，杆件内无应力，整个结构是一个机构体系，在展开到预定跨度时，在结构的端部附加杆件或其他约束而消除机构形成结构。这种结构的杆件刚度比较大，可满足较大跨度的要求。

折叠结构又可以根据结构组成是否采用索单元可分为刚性结构及柔性结构。没有柔性材料的折叠结构称为刚性结构，而柔性折叠结构的受拉单元一般为索单元。柔性结构在收纳状态时，索呈松弛状态，刚性杆件可形成捆状便于运输储存，在展开时可拉紧驱动索使结构展开，或通过增加压杆长度来拉紧驱动索，完全展开后即可形成整体体系。这种结构自重轻、展开成型后刚度较大，可用于跨度较大的结构（图 8-5）。

此外折叠结构可以按照折叠结构组成单元的类型可分为杆系单元、板系单元，而杆系单元又可再分为剪式单元及伸缩式单元；根据结构展开过程的驱动方式可分为液压/气压传动方式、电动方式、节点预压弹簧驱动方式等。

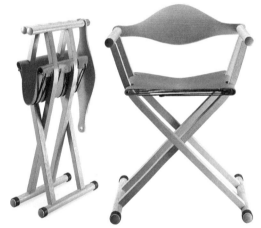

○ 8.2.3 易拆装结构

易拆装结构主要是通过构件之间采用榫、销、螺纹、搭扣、插扣等可拆连接方式，使产品易组装和拆卸，方便运输和存储。在电子产品中，拆装结构是通过一些标准插接零件来完成，比如音频视频插头和插座。

拆装结构主要是为运输包装所设计的，一般在装配过程结束后很少再拆卸。反复的拆卸会降低连接的可靠性，甚至造成损伤。然而某些特殊场合，比如战地设施的使用，需要让拆装结构既方便又可靠（图 8-6）。

○ 8.2.4 伸缩结构

通过构件的伸长和收缩改变产品的尺寸，实现储运和工作状态的变化。伸缩的主要结构形式有弹性伸缩、嵌套伸缩等（图 8-7）。

图 8-5 折叠结构应用
折叠结构大量利用了机械机构，利用机械原理去分析和解决折叠问题是很好的方法。同样地，要实现完美的折叠功能，除了要实现空间上的折叠与展开，同时也要考虑两个状态的力学使用性能、材料特点和生产加工工艺要素。

○ 8.2.5 柔性结构

柔性结构主要是利用柔性材料柔软易折、收纳体积小、抗拉强度高、具有气密性等特性，使用时通过泵入空气或水等实现膨胀坚挺，保持形态，不用时排出空气或水即可收纳。

塑料充气玩具、充气家居、充气橡皮艇、热气球、降落伞等设计均采用了该结构形式（图8-8）。

图 8-6 易拆装结构细节
易拆装结构的形式多种多样，很多时候看似工程化的结构也能够演绎得充满趣味性，这是我们对力学结构、机械结构结合材料特点进行的创造性的设计。

8.3 练习与实践

本章节是前面所学机械结构等多方面知识的应用篇章，除了增加了一些解决问题的范例（比如各种缩小空间、收纳的方式），我们再次强调动手实践的重要性，因此可以通过非常实际的设计案例来进行学习，也可以尝试从本节中某一个知识点进行研究，通过制作模型来进一步学习和了解工程技术的应用。

比如我们可以针

图 8-7 伸缩结构产品
鱼竿、自拍竿、通信天线、三脚架、抽屉轨、机床、卷尺、望远镜、叉车等大量的产品都用到了多种形式的伸缩结构，可以说伸缩结构非常成熟。

图 8-8 充气家具
柔性结构产品设计有其特性，在人和物的亲和性上可以做得非常好，作为玩具也比较安全。然而柔性结构产品在使用过程中也容易造成危险，比如突然破裂、渗漏等，使产品完全失效，在设计过程中必须加以考虑。在设计过程中，柔性结构产品的材料选用和封口方式是整个设计的关键。

对之前的设计作品制作自己的包装盒，同时从美观和结构两方面达到设计要求，并具备一定的创新性；其次我们可以针对某种收纳结构进行应用，找到其技术要点，通过模型验证设计概念和结构，这里我们推荐设计家具产品，这可以同时从力学结构和收纳结构两方面进行设计和验证。

9

第 9 章
先 进 能 源 概 述

科技的进步和时代的发展对绿色产品提出了需求。

绿色产品的定义是：凡产品或服务对环境及社会品质的表现，比传统或竞争产品所能够提供的有明显优异者，即绿色产品。所以，绿色产品其实是一种相对的概念，只要你比别人更环保，更人性化，也就更"绿色"。绿色是一种无止境的追求。

绿色产品作为一类产品，就要对社会、对环境造成影响，或积极的，或负面的。所以，要把负面影响降低到最小，是有非常广泛的想象空间和发展空间的，但是一定要认知，这种影响终归不会是零。

在考虑对环境的影响时，尽量"避免"产品带来的负面影响，因为"避免"胜于"回收"。"回收"本身就要消耗能源，消耗各种中间物资，因此也谈不上太多"绿色"。然而，"回收"终归会比"处理"（销毁、焚烧、填埋）更加有效，"回收"可以循环再利用，而"处理"则完全让环境和人类来承担这一负面影响了。

综上，在绿色设计中，"避免"胜于"回收"，"回收"胜于"处理"。

绿色设计要遵循低污染、高效能、节能、低成本、零危害的设计原则，如设计容易回收循环的产品，如减少零件数量，使用可拆卸结构等；设计易于维修的产品，用后即弃的产品是和"绿色"相悖的；设计中使用易于回收、可分解、低污染的材料；设计节能、高效的产品；设计人性化的产品，降低其他污染（噪声、热等）。

9.1 绿色能源

在绿色设计中，我们最容易忽略的一点就是能源的绿色。也许我们的产品本身使用的是材料环保，但是其所使用的能源却是一个污染源，那么我们也会前功尽弃。

《大英百科全书》说："能源是一个包含有燃料、流水、阳光和风的术语，人类用适当的转换手段可以让它为自己提供所需的能量。"简单地说，"能"就是"做功"的动力来源，它具有许多不同的形式，例如动能、位能、光能、电能、化学能和热能等。我们接触到的产品和产品生产过程中需要用到大量的能源，能源已经渗透到我们每个人的生活。所以能源的问题不可小觑，能源环保才是环保的标杆，是可持续发展的重中之重。

那么什么样的能源算得上是绿色能源？

自然界中，我们吃的食品——维持我们生存的能源，来自植物的光合作用，其实质就是太阳能；我们用的矿物能源——煤、石油和天然气，来自远古动植物的残骸，其实质也是太阳能；也许我们还会用到水能、风能、潮汐能，归根结底都是太阳的辐射能给地球的大气圈和水圈带来的能量，是太阳能的延伸。说到这里，太阳能算得上是基本的能源了。

其他的一些能源，比如使用化学能的电池，它们或使用铅和硫酸，或用到镉和镍，或用锂，或使用其他一些金属、重金属，它们失效后若不加以回收，对环境将是巨大的破坏。核能发电作为一种新能源，其是否环保还需要时间来验证，尤其是遇到大灾大难，核电站的环保性是比较脆弱的，此外核能发电产生的放射性核废料也仅仅只能做到"处理"而不是"回收"。

所以，理想中的绿色能源应当是这样：在产生能量的过程中不会有污染物生成，在存储和释放的过程中不需要其他有污染的载体或介质，最符合"绿色"要求的就是直接和间接利用太阳能。

9.2 太阳能

太阳能是指太阳光的辐射能量，地球上绝大多数生物都离不开太阳能，都直接或间接地依靠太阳能生存。地球上的风能、水能、海洋温差能、波浪能和生物质能都是来源于太阳；即使是地球上的化石燃料（如煤、石油、天然气等）从根本上说也是来自远古贮存下来的太阳能，所以广义的太阳能所包括的范围非常大，狭义的太阳能则限于太阳辐射能的光热、光电和光化学的直接转换。

地球轨道上的平均太阳辐射强度为 1,369 W/m²，虽然太阳能资源总量相当于现在人类所利用的能源的一万多倍，但太阳能的能量密度低，而且它因地而异，因时而变，这是开发利用太阳能面临的主要问题。太阳能的这些特点会使它在整个综合能源体系中的作用受到一定的限制。

自古人类就懂得利用太阳能，比如培养作物、晒干食物。到了现代，太阳能的利用更加广泛和深入，其中有被动式利用（光热转换）和光电转换利用两种方式。

○ 9.2.1 太阳能光热转换利用

光热利用的基本原理是将太阳辐射能收集起来，通过与物质的相互作用转换成热能加以利用。目前使用最多的是太阳能收集装置，主要有平板型集热器、真空管集热器、陶瓷太阳能集热器和聚焦集热器等4种（图9-1）。通常根据所能达到的温度和用途的不同，把太阳能光热利用分为低温利用（<200℃）、中温利用（200～800℃）和高温利用（>800℃）（图9-2）。

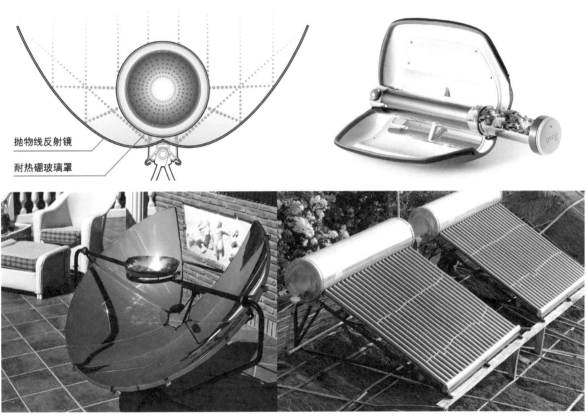

图9-1 光热转换利用
目前低温利用主要有太阳能热水器、太阳能干燥器、太阳能蒸馏器、太阳房、太阳能温室、太阳能空调制冷系统等，中温利用主要有太阳灶、太阳能热发电聚光集热装置等，高温利用主要有高温太阳炉等。

图9-2 光热发电
光热发电是利用太阳辐射所产生的热能发电，其原理是利用光—热—电进行转换。一般是用太阳能集热器将所吸收的热能转换为工质的蒸汽，然后由蒸汽驱动汽轮机带动发电机发电，前一过程为光—热转换，后一过程为热—电转换。

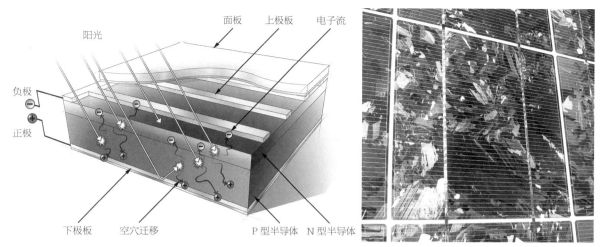

图 9-3 光伏效应

1839 年法国科学家贝克雷尔发现光照能使半导体材料的不同部位之间产生电位差，这种现象被称为"光生伏特效应"，简称"光伏效应"。1954 年美国贝尔实验室首次制成了实用的单晶硅太阳能电池，其工作的基础是半导体 PN 结的光生伏特效应，当光照射半导体的 PN 结时，就会在 PN 结的两边出现电压。

太阳能电池经过串联后进行封装保护可形成大面积的太阳能电池组件，再配合上功率控制器等部件就形成了光伏发电装置。光伏发电装置具有安全可靠、无噪声、低污染、无须消耗燃料等优点，同时无须架设输电线路即可就地发电供电。

○ 9.2.2 太阳能光电转换利用

太阳能发电是一种新兴的可再生能源。

在直接利用太阳能的例子中，光伏效应是比较重要的一个物理现象。将光能直接转换成电能的过程，也即光伏发电。目前的光伏电池主体一般采用的是单晶硅或多晶硅。

光伏效应的使用过程非常简单，在发电过程中没有机械能的参与，没有化学介质，也没有噪声等的产生，光一照，电能就源源不断地产生了，非常理想（图 9-3）。

然而目前光能发电还面临如下问题：

1. 光能发电受季节和气候的影响非常大，不能保持恒定；

2. 光能发电的效率有待提高，当前的光伏电池效率不超过 30%，其余的能量都白白损失了，或者被反射，或者转化成了热能而散失于环境中（从这点来讲，光伏电池并不是十分环保）；

3. 太阳光的能量密度不高，对于直接利用太阳能的大功率产品，需要用到非常大面积的光伏电池，十分不便；

4. 光伏电池的成本还有待降低；

5. 光伏电池的机械强度需要提高，保持其表面清洁也是个问题；

6. 太阳能在转化为电能的过程中，只能够即采即用，倘若要存储，则又牵涉到化学介质的使用问题。

图 9-4 光伏效应发电

利用光伏效应来发电是非常绿色的太阳能使用方式，然而因太阳能的能量密度不高，通常太阳能发电会占用大面积的土地资源，因此可以利用屋顶等闲置空间进行太阳能发电，以及可以在一些人迹罕至的荒漠、戈壁来设置太阳能发电厂。

尽管如此，光能发电有着广阔的应用前景，如今在一些特殊产品中已经有较多的应用。在家居、庭院、公共设施中使用光能发电的例子也比比皆是（图9-4、图9-5）。

○ 9.2.3 太阳能应用前景

太阳能既是一次能源，又是可再生能源。它资源丰富，既可免费使用，又无需运输，对环境无任何污染。太阳能的利用为人类创造了一种新的生活形态，使社会及人类进入一个节约能源减少污染的时代。

光化转换是一种利用太阳辐射能直接分解水制氢的光—化学转换方式。它包括光合作用、光电化学作用、光敏化学作用及光分解反应。光化转换就是因吸收光辐射导致化学反应而转换为化学能的过程。其基本形式有植物的光合作用和利用物质化学变化贮存太阳能的光化反应。

光合作用作为太阳能利用的一个典范，它的本质是光化学转换。光合作用的整个过程非常有趣，富有生机和活力，可以给人以非常广阔的想象空间。然而光合作用毕竟是一种分子级的工作方式，人类要最终掌握光合作用的应用还需假以时日（图9-6）。

图9-5 光伏效应的直接应用
同样，由于太阳能的能量密度不高，如果直接利用光伏效应产生的电能来驱动各种设备或者交通工具，那么太阳能电池所占据的空间是非常可观的，往往让产品的外观设计和结构设计受到很大的限制。

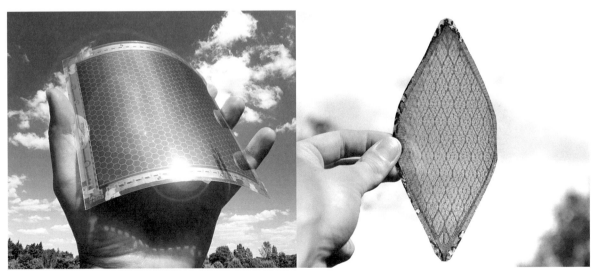

图9-6 太阳能应用前景
植物靠叶绿素把光能转化成化学能，实现自身的生长与繁衍，若能揭示光化转换的奥秘，便可实现人造叶绿素发电。目前，太阳能光化转换正在积极探索、研究中。

9.3 燃料电池

在发明燃料电池以前，有机燃料（煤、石油、天然气等）要转化为电能需要比较复杂的过程。在这种转化过程中，燃料燃烧产生的热量加热气体（如水蒸气），气体做功推动汽轮机或内燃机运转，汽轮机或内燃机带动电机并输出电能。在这里，燃料的化学能首先要转化为热能，热能再转化为机械能，机械能驱使线圈切割磁力线，最终得到电能。燃料转化为机械能所用到的机器即热机，热机的工作是一个效率低下的过程，燃料的化学能多半以热量的形式耗散掉。

同时，燃料燃烧要消耗氧气，其燃烧产物和不完全燃烧产物会污染环境，有的产物甚至有毒有害。此外，热机的效率有一个上限——卡诺循环（Carnot cycle）效率，热力学的定律明确告诉我们，热机的效率不可能超过卡诺循环的效率。

○ 9.3.1 燃料电池的原理

燃料电池可以令燃料到电能的过程完全改观。

燃料在燃料电池中不需要燃烧，燃料在催化剂作用下直接和氧化剂发生反应，同时向电极输出电能。燃料电池其原理是一种电化学装置，其结构像一个化学反应容器，类似于传统电池。而与传统电池不同的是，燃料电池的正、负极本身不包含燃料，其燃料来自电池外部，因此其发电的能力几乎可以无限扩充（图9-7）。

○ 9.3.2 燃料电池的特点

燃料电池是一种非常高级的能源，它涉及化学热力学、电化学、电催化、材料科学、电力系统及自动控制等学科的有关理论，具有发电效率高、环境污染少等优点。具体优点有：

1. 燃料电池一般不自带氧化剂，氧化剂通常是空气中的氧，这可大大提高燃料电池的质能比，大大减小电池的体积，可以和普通干电池一个尺寸级别；

2. 能量转换过程中并没有燃料燃烧反应，整个过程平稳可控；

3. 燃料氧化过程完全，能量转化效率非常高。燃料电池系统的燃料—电能转换效率在45% ~ 60%，而火力发电和核电的效率大约只有30% ~ 40%；燃料电池发电设施若与燃气涡轮机并用，则整体效率可超过60%；若再将电池排放的废热加以回收利用，则燃料能量的利用率可超过85%；

4. 燃料电池产生的废物为水和二氧化碳等无毒产物，并且二氧化碳排放量远低于汽油内燃机排放量；

5. 燃料电池的可再生性非常高，燃料消耗完以后可以添加，不像干电池必须更换整个电池系统；

6. 燃料电池发电设备具有散布性的特质，它可让地区摆脱中央发电站式的电力输配架构，降低了国家供电系统被破坏的风险；

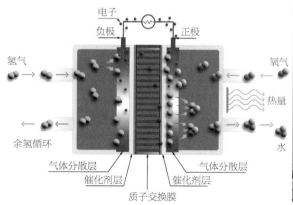

图9-7 （质子膜）单体氢燃料电池原理和燃料电池堆样品

氢燃料电池的燃料极中，供给的燃料气体中的 H_2 分解成 H 和 e^-，H 移动到电解质中与空气极侧供给的 O_2 发生反应。e^- 经由外部的负荷回路，再返回到空气极侧，参与空气极侧的反应。一系列的反应促成了 e^- 不间断地经由外部回路，对外部回路供给电能。整个过程由 H_2 和 O_2 生成 H_2O，除此以外没有其他的反应，H_2 所具有的化学能转变成了电能。

7. 现代燃料电池虽然仍以氢气为主要燃料，但配备燃料重组器的电池系统可以从碳氢化合物或醇类燃料中分离氢元素来利用。此外如垃圾掩埋场、废水处理场中厌氧微生物分解产生的沼气也是燃料的一大来源。

然而燃料电池也具有下面这些缺陷：

1. 燃料电池造价偏高。首先是燃料电池的催化剂或电极比较特殊，催化剂需要用到贵金属，这造成燃料电池成本提高，推广困难。此外，质子交换膜也是非常昂贵的材料，约占总成本之35%；

2. 燃料电池是一种分子级的反应，其电极和催化剂的表面微处理非常关键，否则不能有效隔离废物和保存燃料；

3. 燃料电池对燃料清洁度的要求非常高，不清洁的燃料或氧化剂会加速催化剂的失效以及堵塞质子交换膜；

4. 燃料电池的燃料通常为小分子，易挥发和燃烧，存储和使用的安全性不高；

5. 燃料电池动力输出的启动速度尚不及内燃机，它从开始输出电能到稳定工作有一个"热身"的过程；

6. 除甲醇外，其他的碳氢化合物燃料均需经过转化器、一氧化碳氧化器处理产生纯氢气后，方可供现今的燃料电池利用；

7. 氢气储存技术不成熟，车体每次充填量仅约2.5~3.5 kg，尚不足以满足现今汽车单程可跑480~650 km的续航力；

8. 氢燃料基础建设不足，全世界充氢站仅仅属于示范推广阶段。

○ 9.3.3 燃料电池的应用和发展

日本东芝公司早在2005年推出两款采用燃料电池的MP3随身听原型机，其中一款是闪存产品，一款是微型硬盘产品，分别采用了输出功率为100 mW和300 mW的燃料电池。其中300 mW燃料电池的尺寸是60 mm×75 mm×10 mm，播放器的尺寸是65 mm×125 mm×27 mm，带电池重量为270 g，燃料电池容量为10 mL，一次充电后可以维持60 h的运作。从指标上看燃料电池产品的确远远超过采用锂电池的MP3随身听。

燃料电池的种类有很多种，但目前应用在汽车领域的多数为质子交换膜燃料电池。由于质子交换膜燃料电池在技术上获得了突破，奔驰汽车公司于1994年生产了第一代燃料电池汽车。质子交换膜燃料电池发电效率高、输出比功率高、使用寿命长、噪声低等特点让其运用在汽车领域奠定了基础。2015年至2017年，日本三家汽车厂商将正式上线燃料电池车，另外，欧盟清洁能源合作组织近期通过了增加燃料电池巴士的项目，伦敦等5个首批项目城市计划增加2至5辆不等的燃料电池巴士。德国和法国启动了氢气储存计划，丹麦等国尝试利用剩余电力储存氢气，为家庭燃料电池供电。

各国都将大型燃料电池的开发作为重点研究项目，已取得了许多重要成果，使得燃料电池即将取代传统发电机及内燃机而广泛应用于发电设备（图9-8）及汽车（图9-9）。2 MW、4.5 MW、11 MW等成套燃

图9-8 燃料电池发电站
燃料电池用途广泛，既可应用于军事、空间、发电领域，也可应用于机动车、移动设备、建筑家居等领域。

图 9-9 燃料电池交通工具
电动车领域成为燃料电池应用的主要方向，市场已有多种采用燃料电池发电的车辆出现。

料电池发电设备已进入商业化生产，各等级的燃料电池发电厂相继在一些发达国家建成。燃料电池技术已是能源、电力行业不得不正视的课题，有望成为 21 世纪继火电、水电、核电后的第四代发电方式。

在所有燃料电池中，碱性燃料电池发展速度最快，主要为空间任务，包括为航天飞机提供动力和饮用水；质子交换膜燃料电池已广泛作为交通动力和小型电源装置来应用；磷酸燃料电池作为中型电源应用进入了商业化阶段，是民用燃料电池的首选；熔融碳酸盐型燃料电池也已完成工业试验阶段；起步较晚的固态氧化物燃料电池作为发电领域最有应用前景的燃料电池，是未来大规模清洁发电站的优选对象（图 9-10）。

2014 年美国科学家开发出一种直接以生物质为原料的低温燃料电池，这种燃料电池只需借助太阳能或废热就能将稻草、锯末、藻类甚至有机肥料转化为电能，能量密度比基于纤维素的微生物燃料电池高出近 100 倍。

9.4 风能

空气流具有的动能称风能，风能是因空气流做功而提供给人类的一种可利用的能量，属于绿色可再生能源。自古以来人类便有利用风能的例子，通常是直接利用风能来驱动机器或交通工具，比如帆船；

图 9-10 小型燃料电池
小型化技术将燃料电池运用于消费类电子产品也是应用发展方向之一，未来小型化燃料电池将有望取代现有的锂电池，作为笔记本电脑、无线电话等携带型电子产品的电源或备用电源。

图 9-11　风能
左图为伊朗境内有 1000 多年历史的古迹，是用风能进行农业生产的案例，其本质上是一组风力驱动水平转动的粮食研磨机。右图为我国传统的帆船，从其原理和结构上来看已经非常成熟可靠。

图 9-12　风车
风车是直接利用风能来驱动的机械装置，整个过程都是机械能的参与与转化，然而风能、机械能并不能存贮，只能即采即用。

或者把风能直接转化为旋转的机械能加以利用，比如风力磨面机或者提灌机等（图 9-11、图 9-12）；在现代我们可以用旋翼直接把风能转化电能，再将电能加以利用。

地球吸收的太阳能虽然只有 1% 到 3% 转化为风能，但其总量仍相当于地球上所有植物通过光合作用吸收太阳能转化为化学能的 50 到 100 倍，因此风能有着巨大的潜力可挖掘。

○ 9.4.1 风能的应用

20 世纪 50 年代末中国风能利用是从各种木结构的布篷式风车开始，用于基本的生产作业，1959 年仅江苏省就有木风车 20 多万台；发展到 60 年代中期，风能的应用主要是体现在发展风力提水机；70 年代中期以后风能开发利用列入"六五"国家重点项目，得到迅速发展，这时候风电进入了发展舞台。

风能作为一种无污染和可再生的新能源有着巨大的发展潜力，特别是当其转化为电能之后，风电对沿海峭壁、滩涂、岛屿、山区、戈壁、荒漠，以及远离电网和近期内电网还难以达到的农村、边疆等地，作为解决生产和生活能源的一种有效途径，同时也可以向发达地区输送过剩电力（图 9-13）。在发达国家，风能作为一种高效清洁的新能源也日益受到重视。

图 9-13 风力发电机
风力发电机是将风能转化为电能的装置，主要由塔柱、机舱、叶片、机械传动及变速结构、电子控制系统、发电机、变电系统等组成。根据旋转轴的不同，风力发电机主要分为水平轴风力发电机和垂直轴风力发电机两类。

○ 9.4.2 风能的特点

利用风能的产品清洁和高效，源于风能本身便是清洁高效的绿色能源。然而风能的利用也有一定的局限性，表现在以下几个方面：

一是风能的利用有季节性和地域性，受天气等的影响非常大，并不能持续输出能量；

二是使用风能的产品的体积普遍较大，因为要充分利用风能，就得和风充分接触；

三是风能的不稳定性使得利用风能的设备比较复杂，包括对电能的储存、稳压、保护等复杂的机构，最终造成风能产品的成本高昂，维修复杂；

四是风能利用设备只能在室外安装和使用，对其防护和耐候性要求非常高，这同样带来产品的成本提升；

五是进行风力发电时，风力发电机会发出巨大的噪声，所以要找一些空旷的地方来兴建；

六是风力发电可能干扰鸟类，甚至有可能造成某些鸟类灭绝；同时某些地区的过度开发会影响当地生态，特别是对某些边远地区的环境带来了比较严重的负面影响。

○ 9.4.3 风力发电的展望

第 26 届联合国气候变化大会、全球风能联盟于"全球风能日"正式启动，该联盟呼吁世界各国尽快加大对风力发电的投入，以应对当前的气候变化问题。在所有可再生能源中，风电具有最大的脱碳潜力，是气候变化解决方案中不可或缺的一部分，同时还能产生显著的社会经济效益。但各国并没有以实现净零排放所需的速度建设风电项目，要充分发挥风电潜力还需要做出更多的工作。2020 年全球新增风机装机虽然创下 93 GW 的纪录，但根据国际能源署和国际可再生能源署最近发布的关于实现净零排放的路线图报告，全球风电年新增装机量需要达到 2020 年水平的 3~4 倍。

风电在过去几十年中得到了快速发展，现在已成为具有成本竞争力的清洁能源类型，有望在 2050 年净零碳排放竞赛中占据中心位置。目前全球有超过 750 GW 的风电装机，这帮助世界每年避免了 11 亿吨碳排放。

技术创新、成本降低和规模扩大推动全球风电装机不断打破纪录。这种快速增长的结果是，风能现在已成为一种主流能源，并被证明是可靠且价格合理的，同时也是推动经济可持续增长的重要引擎。

图 9-14 生物质
生物质是指利用地球资源通过光合作用而产生的各种有机体，即一切有生命的可以生长的有机物质通称为生物质。它包括植物、动物和微生物。广义的生物质包括所有的植物、微生物以及以植物、微生物为食物的动物及其生产的废弃物。代表性的生物质如农作物、农作物废弃物、木材、木材废弃物和动物粪便。狭义的生物质主要是指农林业生产过程中除粮食、果实以外的秸秆、木材边角料、农产品加工业下脚料、农林废弃物及畜牧业生产过程中的禽畜粪便和废弃物等物质。

图 9-15 生物质的直接利用
生物质的直接燃烧利用，如农作物的秸秆、薪柴等的燃料后直接用于发电，或者提纯废弃食物油作为内燃机的燃料来使用。图为燃烧生物质发电的发电厂。

图 9-16 生物质的热化学转化
采用热解法制造液体和气体燃料，也可制造生物炭。图为使用热化学转化生成的生物柴油作为燃料的交通工具。

9.5 生物质能

生物质能指太阳能以化学能形式贮存在生物质中的能量形式，即以生物质为载体的能量。它直接或间接地来源于绿色植物的光合作用，可转化为常见的固态、液态和气态燃料。生物质能广泛分布、种类繁多、廉价易得，同时是一种可再生能源，也是唯一一种可再生的碳源。生物质能来源于生物质（图 9-14）。

在城市中，生物质包括了富营养化的工业有机废水，如酿酒、制糖、制药、造纸及屠宰等行业生产过程中排出的废水，也包括人类的排泄物。当下比较关注的是诸如地沟油等废弃食用油的生物质能利用，这些废弃食用油热值高，利用效果明显，除了保护环境外，对社会发展本身也是一个正向的促进作用。

生物质能的利用包括了直接利用（燃烧）（图 9-15）、热化学转化（图 9-16）和生物化学转化（图 9-17）三种方式。

生物质能是世界上最为广泛的可再生能源。据估计，每年地球上仅通过光合作用生成的生物质总量就达 1440 亿吨 ~ 1800 亿吨（干重），其能量约相当于 20 世纪 90 年代初全世界总能耗的 3 ~ 8 倍。然而生物质能尚未被人们合理利用，多半直接当薪柴使用，效率低下并且影响环境。

9.6 超级电容器

超级电容器，又名电化学电容器，双电层电容器、黄金电容、法拉电容，是从 20 世纪七八十年代发展起来的通过极化电解质来

图 9-17 生物质的生物化学转化
间接作为燃料的有农林废弃物、动物粪便、垃圾及藻类等，它们通过微生物作用生成沼气。图为利用生物质产生沼气的工厂。

储能的一种电化学电子元件。它不同于传统的化学电源，是一种介于传统电容器与电池之间、具有特殊性能的电源，主要依靠双电层和氧化还原假电容电荷储存电能。但在其储能的过程并不发生化学反应，这种储能过程是可逆的，也正因为此超级电容器可以反复充放电数十万次。

可以看出，超级电容器的本质是电容器，却比普通电容器有更大的容量，因此可以当作电池来使用。超级电容器的突出优点是功率密度高、充放电时间短、循环寿命长、工作温度范围宽，是世界上已投入量产的双电层电容器中容量最大的一种。

超级电容器的特点：

1. 充电速度快，充电 10 秒 ~ 10 分钟可达到其额定容量的 95% 以上；

2. 循环使用寿命长，深度充放电循环使用次数可达 50 万次，并且没有记忆效应；和电池相比，其过充电、过放电都不对其寿命构成负面影响；

3. 大电流放电能力超强，能量转换效率高，过程损失小，大电流能量循环效率 ≥ 90%；

4. 功率密度高，可达 300 W/kg~5000 W/kg，是电池的 5~10 倍；

5. 产品原材料构成、生产、使用、储存以及拆解过程较少污染，是理想的绿色环保电源；

6. 充放电线路简单，安全系数高，长期使用免维护；

7. 高低温特性好，温度范围可达 −40 ℃ ~ +70 ℃；

8. 检测方便，剩余电量可直接读出；

9. 超级电容器可以焊接，甚至可以跟普通电容器一样焊接在电路板上，因此大幅度提升了产品的可靠性。

9.7 练习与实践

尝试以先进能源为基础，展开相关产品的设计，可以以太阳能电池作为清洁能源的代表，设计相关产品，并试制样品。

设计案例见图 9-18 至图 9-21。

图 9-18

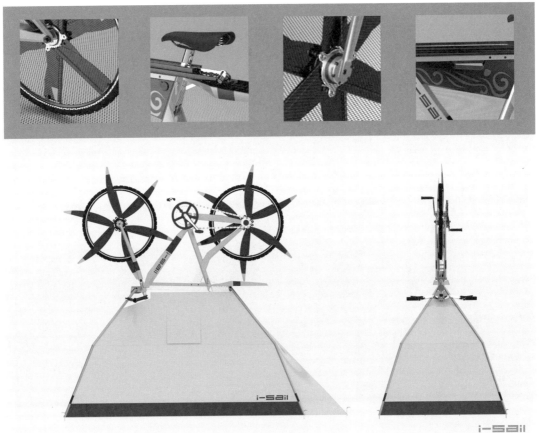

图 9-19

图 9-18、图 9-19 风力发电露营自行车
图为四川美术学院敖进设计作品"i-sail"。本设计作品是以风力发电为原理，在自行车结构中巧妙地融入了先进能源的概念，让骑车旅行不再是纯粹艰苦的修行，而是一种紧跟科技的具有良好体验的休闲运动。

图 9-20

图 9-21

图 9-20、图 9-21 "风"景工业博物馆
图为四川美术学院教进设计作品"'风'景"。"'风'景"是定义在旅行观光基础上的风力发电机产品，人们通过它可以同时观赏现代
工业文明和极致的自然风景。利用大型风力发电机组自身的特点，使得发电机组在追随风的过程中产生环幕观景的效果，结合天空透明步
道让参观者得到震撼的观景体验；通过展示发电机组自身的工作原理和结构，让参观者获得走近现代工业文明的机会，让城市来的人了解
环境和人共生的重要性；风力发电机组一般位于远离人烟的地方，那里虽然贫瘠却往往有无限的风景，本设计起到了带动当地经济的作用。

10

一直以来，电子技术的发展和电子产品的日新月异总是伴随着社会的进步与经济的增长，"家用电器"在很长的时期内更是吸引了我国消费者的大部分目光，它代表着富足，代表着生活质量的提高。从最早的电子管收音机到数字播放器，从半导体收录机到彩色电视机，这一切都打上了时代的烙印。对于年轻的消费者和设计师而言，父母的时代渐行渐远，身边的家用电器已经弱化成了一般消费品，电子技术的发展演变成了数据的发展，电子产品的多样化变成了手机 APP 的多样化，电子时代变成了数字时代……然而没变的永远是作为基础的电子技术本身。由此看来，电子产品的发展和电子产品设计的发展永远都是一个永恒的话题。

有别于装置类、器皿类的产品，电子类产品和机械类产品一直是设计中的重点和难点，而机械设备、工业装备类的产品更是鲜有设计师涉足的案例。随着时代的发展，纯机械形式的产品已经不多见，普遍是结合了电子技术的一体化的产物，而消费类电子产品更是趋向于平板化，并且产品本身的外观形态已经逐步淡化和趋同化。在这种情况下，是不是说电子产品的结构与外观设计都不重要了，我们接下来会解答相关的问题。

10.1 电子技术的发展

电子技术的发展非常迅速，自第一支晶体管问世开始，在短短的不到一百年的时间，电子技术突飞猛进，各种各样的新技术和新生产工艺层出不穷。新技术和新工艺带来的始终是生产的高效和产品成本的降低，从这点来讲，在设计过程中始终跟随电子技术的新动向非常有必要。

○ 10.1.1 电气元件的发展

电子电路利用的是电流流动过程中做功和能量转化的原理，同时在这个过程中传递、处理信息。为了达到这样的目的，人们必须对电能加以控制，对电流加以引导和操控，因此诞生出了诸如导线、开关、电阻器、电容器、电感器等一系列电子 / 电气元件（图 10-1）。

为了实现更加复杂的功能，比如对电流大小的调节、对电信号的产生与传输、对电子信息的放大与运算等，对电路提出了更高的要求，必须要有相应的手段来提供这些功能的实现。我们熟知的半导体材料就具备了对电流的精细控制能力，让电子产品的复杂功能得以实现。

人们并不是一开始就和半导体材料打交道，历史上复杂电路的实现经历了几个阶段，有代表性的几个是天然矿石半导体阶段（图 10-2、图 10-3）、真空电子管阶段和晶体管（人工半导体）阶段。

1883 年，发明家爱迪生在研制电灯时做了一次试验，他在试验品电灯泡内部的炭丝附近安装了一小段铜丝想阻止炭丝的蒸发，虽然这个试验失败了，但他无意中发现这段并没有接通电源的铜丝中产生了电流，这个现象后来就叫做爱迪生效应（图 10-4）。

图 10-1 常用电子 / 电气元器件
电子元器件种类非常多，也具有非常多的技术细节。认识和了解基本的元器件是有必要的，电子元器件的发展和新器件的诞生有可能会是设计上的一个创新点。

图 10-2 矿石二极管
这是早期的一只天然矿石（晶体）
二极管，其中的核心部分仅仅是
那颗能够单向导通的矿石。

图 10-3 矿石二极管产品
矿石二极管的产品原理简单，功能弱，工作效果受环境影响很大。图为近期二极管爱好者所做的矿石收音机，
具有夸张而复古的风格。

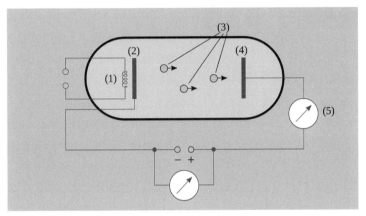

图 10-4 爱迪生效应
图中 1 是灯丝，通电后灯丝发热并加热阴极 2，阴极受热激发出电子 3 并飞向阳极 4，5
是电流表，如果下端闭合则可以检测出电流。

电子管是一种电子器件，通过在真空容器中加热电机并激发出诸多电子，同时利用容器中各种电场的力学作用汇聚电子而形成电子流，受控的电子流（电子带负电，因而电子流和电流的方向相反）在回路中成为受控的电流，因而实现各种电子电路的功用。电子管在高度真空的状态下工作，目的是保证高压下不引起气体电离而导致的电子运动性质变化、特性曲线变差、电极氧化寿命缩短等，因此电子管也叫作真空电子管，通常用真空玻璃胆作为真空容器，因此俗称"胆管"。

1904 年，世界上第一只二极电子管在英国物理学家费来明的手下诞生了，这样使得爱迪生效应有了实用价值。1907 年，美国发明家德福雷斯特在二极管的灯丝和极板间又加入了一个极板，从而发明了具有复杂功能的三极电子管（图 10-5）。

基于电子管的工作原理，我们可以得知它们的缺陷非常明显，比如体积大、功耗大、发热量大，寿命短、结构

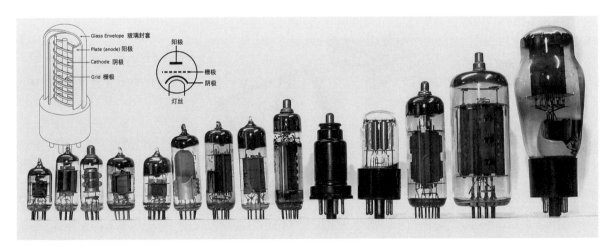

图 10-5 电子管
以三极电子管为例，它具有发射电子的阴极、工作时通常加上高压的阳极（或称屏极）以及起到控制作用的栅极。电子管中的灯丝通电后产生光和热，加热阴极从而激发出电子，电子在电压作用下会向阳极迁移。栅极是置于阴极与屏极之间的结构，栅极上加上电压后会调控电子通过栅极的量，而控制了电子的迁移则控制了电流。

脆弱，需要危险的高压电源等（图10-6）。世界上的第一台计算机于1946年在美国宾夕法尼亚大学诞生，用了1.8万个电子管，占地167平方米，重达30吨，功耗150千瓦，可以说是缺点十足了。

自从弗莱明发明二极电子管，德福雷斯特发明三极电子管以来，电子学作为一门新兴学科迅速发展起来。但是电子学真正突飞猛进的进步，还应该是从晶体管发明以后开始的，尤其是PN结型晶体管的出现。晶体管开辟了电子器件的新纪元，引起了一场电子技术的革命。在短短十余年的时间里，新兴的晶体管迅速取代了电子管工业通过多年奋斗才取得的地位，成为电子技术领域的核心。当初电子管的发明使电气设备发生了革命性变化，但是电子管体缺点也十分明显，而晶体管的问世解决了电子管存在的大部分问题，因此被誉为二十世纪最伟大的发明之一。

图10-6 电子管产品
电子管因其成本高、不耐用、体积大、效能低等特点，逐渐被半导体取代了。但是我们仍然可以在音响、微波炉及人造卫星的高频发射机中看见电子管的身影；部分战斗机为防止核爆造成的电磁脉冲损坏，机上的电子设备亦会采用电子管；另外，X光机的X射线管则是属于特殊的电子管。电子管产品有其特殊的魅力，似乎可以透过玻璃胆观察到电流的工作，灯丝营造的神秘气氛让用户着迷，而电子管电路带来的特有的失真效果犹如味精之于菜肴一样让音乐充满了怀旧的味道。

晶体管（Transistor）是一种固体半导体器件，包括二极管、三极管、场效应管、晶闸管等，具有检波、整流、放大、开关、稳压、信号调制等多种功能。

半导体是导电能力介于导体和绝缘体之间的一种物质。它的导电能力会随温度、光照及掺入杂质的不同而显著变化，特别是掺杂可以改变半导体的导电能力和导电类型，这是其广泛应用于制造各种电子元器件和集成电路的技术基础。除了检波器之外，在早期半导体还用来做整流器、光伏电池、红外探测器等（图10-7）。

图10-7 人工半导体器件
左图是最初的人工半导体元器件试验品，即一支简易的晶体管。虽然简陋，然而就体积而言，其核心部分已经比电子管小了很多，能耗也小了很多。

○ 10.1.2 半导体电子元器件发展与前瞻

半导体电子元器件经历了单个晶体管、集成电路、大规模集成电路和超大规模集成电路的发展历程，其功能越来越强大，体积越来越小，功耗越来越低，可靠性越来越高（图10-8）。

20世纪初，就曾出现过点接触矿石检波器，是利用它的整流效应作为检波器；20世纪30年代，氧化亚铜整流器制造成功并得到广泛应用，半导体材料开始受到重视；1947年，锗半导体点

图10-8 半导体元器件发展
随着电子技术的发展和电子产品的日趋复杂，电子设备中用到的电子器件越来越多。比如1940年代生产的B29轰炸机上装有1千个电子管和1万多个其他电子元件，而1960年上市的通用型号计算机就有12.5万个晶体管。一个晶体管有3支管脚，复杂的设备就可能有数百个焊接点，稍一不慎就极有可能出现故障。为确保设备的可靠性，缩小其重量和体积，人们迫切需要电子技术的突破。美国政府于1958年成立了国家航空和宇航局，为实现电子设备的小型化和轻量化投入了大量的经费，随后在已有的晶体管技术的基础上发展出了一种新兴技术，那就是今天大放异彩的集成电路。

接触三极管制成，成为半导体研究的重大突破；20 世纪 50 年代末，半导体薄膜生长技术和集成电路的发明，使得微电子技术得到发展；20 世纪 60 年代，砷化镓材料制成半导体激光器，同时固溶体半导体在红外线方面得到突破，使得半导体材料的应用范围更加广泛；1969 年，超晶格量子阱的研制成功，使得半导体器件的设计与制造从杂质工程发展到能带工程，将半导体材料的研究和应用推向了一个新的领域；20 世纪 90 年代以来，随着移动通信技术的飞速发展，砷化镓和磷化铟等半导体材料成为焦点，用于制作高速高频大功率激发光电子器件等（图 10-9）；近些年，新型半导体材料的研究得到突破，以氮化镓为代表的先进半导体材料开始体现出超强优越性。

半导体材料发展的第一代半导体是"元素半导体"，典型的如硅基和锗基半导体。其中硅基半导体技术较成熟，应用也较广泛，一般用硅基半导体来代替元素半导体的名称。第二代半导体材料是化合物半导体。化合物半导体以砷化镓、磷化铟和氮化镓等为代表。

第二代半导体材料的发展方向主要体现在光电子方面，该技术直接应用于新产品、新产业，主要体现下面这些方向：

1.消费类光电子：包括光存贮、数字电视、笔记本电脑、家用电子产品等方面的无线控制和数据链接，为化合物半导体产品的应用带来了庞大的新兴市场；

2.汽车光电子市场：主要应用在汽车防撞雷达等传感器方面，离不开砷化镓和磷化铟半导体；

图 10-9 大功率 LED 发光器件和 CCD 图像传感器
左图是各种 LED 电子器件，LED（Light Emitting Diode，发光二极管）是一种能够将电能直接转化为光能的半导体，它替代了钨丝白炽灯的热发光与节能灯的荧光发光，LED 发光利用的是电场发光的原理。LED 的优点非常明显，它寿命长、光效高、低辐射、低功耗，白光 LED 的光谱几乎全部集中于可见光频段。
右图是某 CCD 图像传感器，CCD（Charge Coupled Device，电荷耦合器件）是一种特殊半导体器件，上面阵列有很多感光元件（目前是以千万为基本单位），每个感光元件即一个像素。CCD 器件在拍摄设备中里是一个极其重要的部件，它将光线转换成电信号，因此图像信息可以借由电信号进行处理、存储等。

图 10-10 OLED 发光器件和柔性屏幕
OLED（Organic Light Emitting Diode, 有机发光二极管）又称为有机电激光显示、有机发光半导体。OLED 显示技术具有自发光、广视角、几乎无穷高的对比度、较低耗电、极高反应速度等优点。基于 OLED 的软性有机发光显示技术（Flexible OLED，FOLED），使得高度可携带、折叠的显示技术变为可能。

3. 半导体照明技术：基于半导体发光二极管的 LED 光源具有体积小、耗电量小、发热量低、反应速度快、寿命长、环保、耐冲击、可平面封装、易开发成轻薄短小产品等优点，在全球能源资源有限和保护环境可持续发展的双重背景下，已经成为继白炽灯、荧光灯之后的新一代电光源，具有广阔的应用前景（图 10-10）；

4. 新一代光纤通信技术和移动通信技术：这些设备中对功放的效率和散热有更高的要求，因此大量使用磷化铟、砷化镓、锗硅等化合物半导体集成电路。

到如今，用分离元件生产的复杂、小体积产品，特别是数字化、智能化的电子产品已经达不到低成本的要求，产品体积和能耗更是不能满足需求，这时候集成电路的出现成为必然。

集成电路是利用研磨、抛光、氧化、扩散、光刻、外延生长、蒸发等一整套平面工艺技术，在一小块硅单晶片上同时制造晶体管、电阻和电容等元件，并且采用一定的隔离技术使各元件在电性能上互相隔离，然后在硅片表面蒸发铝层并用光刻技术刻蚀成互连图形，使元件按需要互联成完整电路，最后封装在一个壳体内。硅片在封装前是小小的一个芯片，因此很多时候行业中直接将"芯片"一词代替"集成电路"。集成电路使得电路的体积大大缩小，引出线和焊接点的数目也大为减少。

在半导体芯片技术中存在这样一个不成文的摩尔定律，它以基本准确的预言描绘了集成电路的发展动向。摩尔定律是指集成电路上可容纳的晶体管数目每隔约 18 个月便会增加一倍，性能也将提升一倍。摩尔定律是由美国英特尔公司名誉董事长戈登·摩尔经过长期观察发现得出。

1965 年戈登·摩尔准备了一个关于计算机存储器发展趋势的报告，他开始整理数据时，发现了一个惊人的趋势，即每个新芯片大体上包含其前任两倍的容量，每个芯片的产生都是在前一个芯片产生后的 18 ~ 24 个月内。如果这个趋势继续的话，计算能力相对于时间周期将呈指数级的上升。他的原话是这样的："最低元件价格下的理杂性每年大约增加一倍。可以确信，短期内这一增长率会继续保持。即便不是有所加快的话。而在更长时期内的增长率应是略有波动，尽管没有充分的理由来证明，这一增长率至少在未来十年内几乎维持为一个常数。"摩尔所阐述的趋势一直延续至今，且仍不同寻常地准确。人们还发现这不光适用于对存储器芯片的描述，也基本准确地说明了处理器运算能力和磁盘驱动器存储容量的发展。

摩尔定律很长一段时间成为电子工业对性能预测的基础。在过去的几十年时间里，芯片上的晶体管数量增加了 440 万倍多，从 1971 年推出的第一款 4004（型号）的 2300 个增加到奔腾 II 处理器的 750 万个，到目前华为公司的麒麟 990 5G 芯片晶体管数量达到可怕的 103 亿个。就芯片的工艺而言，集成度越高则单个晶体管的价格越便宜，这样也就引出了摩尔定律的经济学效益（图 10-11）。

图 10-11 摩尔定律下复杂的集成电路

光刻（Photoetching）是利用高精尖的成像技术，将光能产生的各种物理和化学效应加以利用，将晶圆表面薄膜的特定部分除去，留下带有微图形结构并加以蚀刻，因此形象地叫作"光刻"。光刻不是一次性完成的，不同材质的薄膜反复叠加反复光刻，最终光刻完毕后，晶圆上面会制成数量众多的晶体三极管、二极管、电容、电阻和金属导电层等各种物理元件，最终实现设计的电子电路。这是一个非常浩大的工程，不管是从设计角度还是从制造角度来看都是如此，因此集成电路（芯片）的设计和制造是绝对的高科技。

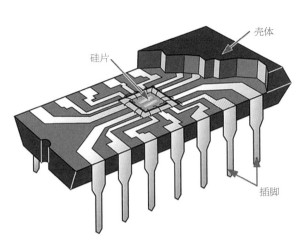

图 10-12 集成电路的绑定与封装

绑定（Bonding，也叫邦定）是将芯片定位于集成电路底座，并将芯片内部电路末端用细导线和封装管脚内部触点进行连接。封装不仅起着安装、固定、密封、保护硅片及增强导热性能等方面的作用，同时可以防止空气对硅片的腐蚀而造成性能下降甚至损毁。此外，封装后的芯片也更便于安装和运输。

○ 10.1.3 电子元器件封装形式认知

封装是指把芯片绑定在电子元件壳体的底座上，并用树脂、陶瓷、金属等材料进行密封处理。我们见到的半导体电子元件和集成电路，内部的小小芯片都是被封装保护后得到的成品。

从结构方面来看，封装经历了最早期的晶体管 TO 封装（如 TO-89、TO-92）发展到了双列直插封装，随后由 PHILIP 公司开发出了 SOP 小外型封装，以后逐渐派生出 SOJ（J 型引脚小外形封装）、TSOP（薄小外形封装）、VSOP（基小外形封装）、SSOP（缩小型 SOP）、TSSOP（薄的缩小型 SOP）及 SOT（小外形晶体管）、SOIC（小外形集成电路）等封装。

从封装材料来看，已经从金属、陶瓷逐步过渡到塑料，但在很多高要求的工作条件下，如军工和宇航方面仍大量使用金属封装（图 10-12）。

按照封装外形，集成电路的封装可以分为直插式封装、贴片式封装、BGA 封装、厚膜封装等类型（图 10-13）。

1. 集成电路的直插式封装是引脚向下的一种封装形式，便于插入印制板中焊接，主要有单列式封装和双列直插式封装。直插式封装适合电路板的穿孔安装，安装方便，易于布线；

2. 由于插脚和电路板需要一定的空间来穿孔和焊接，直插式封装集成电路体积难以缩小，因此发展出贴片封装的集成电路，这种封装的集成电路引脚很小很密集，可以直接焊接在印刷电路板的表面；

3.BGA 封装又名球栅阵列封装，BGA 封装的引脚以圆形或柱状焊点按阵列形式分布在封装面下部。采用该封装形式的集成电路主要有 CPU 等的高密度、高性能、多功能集成电路。BGA 封装集成电路增加了引脚数，但引

图 10-13 集成电路的封装形式

图中依次是双列直插式封装、贴片式封装、BGA 封装和厚膜封装四种封装形式的集成电路。

脚间距反而增加了，从而提高了组装成品率；成品厚度和重量都较以前的封装技术有所减少；寄生参数减小，信号传输延迟小，使用频率大大提高；组装可用共面焊接，可靠性高；

4. 厚膜封装集成电路就是把专用的集成电路芯片与相关的电容、电阻元件都集成在一个基板上，然后在其外部采用标准的封装形式，并引出引脚的一种模块化的集成电路。

○ 10.1.4 电子线路的认知

一、按照工作频率可分成低频电子线路、高频电子线路和微波电子线路

1. 低频通常指频率低于 300 kHz 的范围，语音的电信号、生物电信号、地震电信号、机械振动的电信号等都属于这个范围。所有在这个频率范围的电信号的产生、放大、变换、处理都属于低频电子线路的范畴。

2. 高频通常指频率在 300 kHz~300 MHz 的范围，广播、电视、短波通信、移动通信等无线电设备都工作在这个频率范围之内。

3. 微波泛指频率高于 300 MHz 以上的范围，卫星电视、微波中继通信、雷达、导航等设备都工作在这个频率范围。

二、按照流通的信号形式，电子线路又可分成模拟电子线路和数字电子线路

1. 所有完成模拟信号产生、放大、变换、处理和传输的电子线路统称为模拟电子线路。所有完成数字信号产生、放大、变换、处理及传输的电子线路统称为数字电子线路。模拟电子线路传送的信号直观形象，但电路的抗干扰性能差，不便与计算机直接配合。

2. 数字电子线路传送的信号是时间上和取值上都离散的信号。

三、根据集成度的高低分为分立电路和集成电路

集成电路与分立电路相比，集成电路具有体积小、性能稳定、可靠性高、维修使用方便等优点。

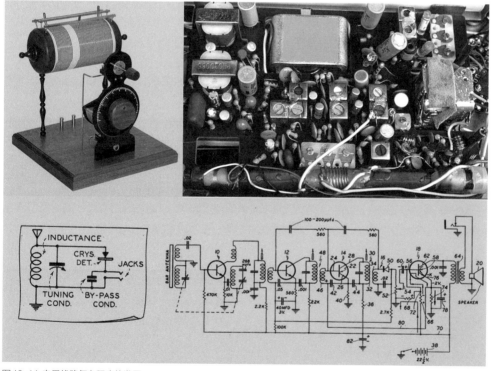

图 10-14 电子线路复杂程度的发展

左图为利用矿石进行检波的收音机，其主要元器件只有三到四个。技术的局限限制了设计的想象空间。该收音机不带电源，只能够用高阻抗耳机放音。由于不存在复杂的结构，也没有大功率的耗散，因此，在一些电磁屏蔽、接插和扩充、散热等方面都没有做进一步的设计。

右图为早期的晶体管收音机，采用干电池作为电源，具有放大电路，收音质量已经得到了提高，音量适合普通家庭使用。该收音机中，电路板已经得到了使用，但是仍然采用的是分离式的晶体管，电子元器件的体积偏大。其基本构架为外壳保护下的电路板，存在拉杆天线、电池夹和扬声器等需要独立引线的零件。

但是，由于频率响应和功率容量的限制，目前高频、大功率电子线路还是以分立为主。

四、以电子线路中所包含的元件性质来分类

由线性元件组成的电子线路叫线性电子线路，含有非线性元件的电子线路叫非线性电子线路。由恒定参数元件组成的电子线路叫恒定参数电子线路；包含有时变参数元件的电子线路叫参变电子线路或时变电路。线性电路是用线性代数方程、线性微分方程或线性差分方程来描述的；非线性电路是用非线性代数方程、非线性微分方程、非线性差分方程来描述的。描述恒定参数电路的方程式中的各项系数是恒定不变的，而描述参变电路的方程式中的系数是变化的。

随着产品功能的扩展与融合，电子线路的复杂性越来越高，专业性越来越强，因此从源头上去设计电子电路已经不是设计师能够掌握的技能了，要勇于面对电子电路的复杂性，用沟通和合理的工作分工去完成电子产品的设计与研发（图 10-14）。

○ 10.1.5 电子产品整体布局的发展

电子产品的整体布局从最开始的科学仪器风格向世俗化转变，让电子制品变成电子产品真正走进了千家万户。（图 10-15、图 10-16）随着时代的发展、科技的进步和消费者的成熟，电子产品更趋向于小型化、便携化、密闭安全化、集成化、模块化、智能交互化等。从长远来看，电子产品最终会走向微型化、可穿戴化甚至可植入化，因此应该紧跟时代的步伐，发挥想象力和创造力，从电子产品的整体布局发展洞察电子产品发展的走向。

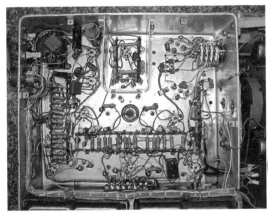
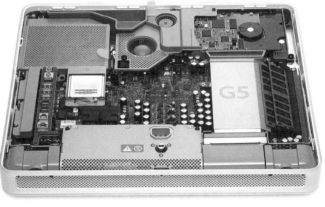

图 10-15 整体布局的发展
就民用产品而言，由于消费水平的提高，电子产"能用"变成了"好用"。消费者自己已经变得越来越专业，甚至能够给产品提出专业的意见，同时对电子产品的使用和维修提高到了一个很高的水准，传统意义上的零部件维修已经由模块化的更换所代替，而整体布局也变得脉络清晰，让人赏心悦目。

需要从ENIAC电脑的19000个电子管中找到某个坏的才能完成检修

图 10-16 电子装备整体布局的发展
在专业领域，电子装备的发展趋向于模块化和低能耗，整体布局向着更加标准化迈进。

10.2 电子电路生产工艺的发展与前瞻

从摩尔定律我们可以看出电子技术的发展速度是惊人的。相应地，和集成电路配套的各种相关工艺，比如印刷电路、焊接、接插、散热等的工艺也取得了长足的发展。同时，由于历史的原因和技术壁垒的存在，在市场上的电子产品肯定同时具有不同的几个技术年代的烙印，也就是说有的产品可能技术性要强一些而另外的一些要差些。

○ 10.2.1 电路焊接工艺

电路是电流的通道，电路通常由导电材料如铜等来制作；电子器件是电路功能的实现者。当前工艺条件下，电子元件的载体是电路板，元件通过锡焊工艺焊接在电路板的铜箔所形成的网路中。电路焊接的好坏直接影响电子电器的性能和寿命。

锡焊是利用低熔点的软钎焊料（铅锡合金或锡银铜合金）加热熔化后，渗入并充填金属件连接处间隙的焊接方法，金属焊件与锡原子之间相互吸引、扩散、结合，形成浸润的结合层，使之成为机械与电气的连接。

根据焊接的方式和工具设备，可以将锡焊分为以下几种：

一、手工焊

锡焊的手工焊接是利用电烙铁等工具，在助焊剂的帮助下，把焊锡丝熔焊到线路板焊盘上的过程（图10-17）。

二、浸焊

浸焊应用于插件电路板的焊接，利用手工或机器把焊接面浸入锡炉，使焊点一次性上锡并焊接好所有插脚的一种焊接方法（图10-18）。

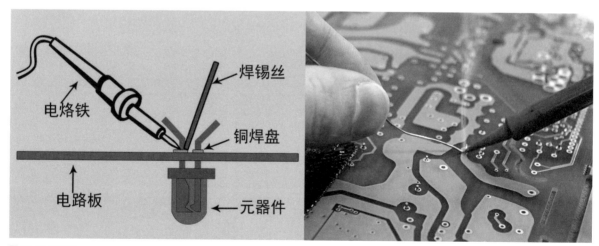

图10-17 手工焊
手工焊投入低，灵活，但需要熟练技工人员。因其效率不高，常用在产品试制或小批量制作等场合。

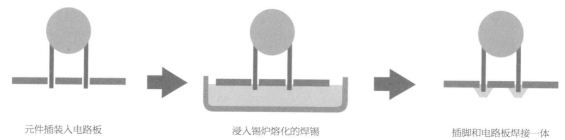

元件插装入电路板　　　　　　浸入锡炉熔化的焊锡　　　　　　插脚和电路板焊接一体

图10-18 浸焊
浸焊效率比手工焊效率提高数倍至数十倍，同时焊接的质量高、一致性好。

三、波峰焊

波峰焊是指将熔化的焊料经泵喷流成设计要求的波浪，或通过向焊料池注入氮气来形成焊料波，使预先插装有元器件的电路板焊接面移动通过焊料波峰，焊料挂接并冷却后实现元器件引脚与电路板焊盘之间机械与电气连接（图 10-19）。

四、回流焊

回流焊工艺是通过加热熔化预先涂布到电路板焊盘上的膏状软钎焊料（俗称锡膏），冷却凝固后实现表面贴装元器件焊端或引脚与电路板焊盘之间机械与电气连接的软钎焊（图 10-20、图10-21）。

图 10-19　波峰焊

波峰焊虽然不是最先进的自动化焊接手段，但在不需要小型化和大功率的产品上仍然在使用穿孔线路板或混合技术线路板，这时候就需要用到波峰焊。同时波峰焊的投入相比于回流焊低，也比较适用于小批量试制或小型企业的生产。

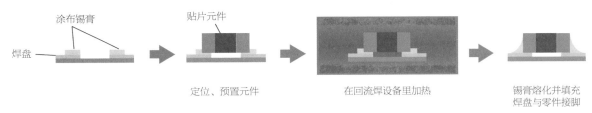

图 10-20　回流焊示意图

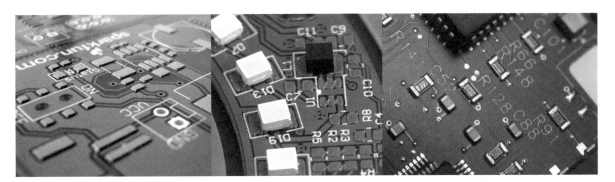

图 10-21　回流焊

用回流焊焊接的元件多数为片状电容、片状电感，贴装型晶体管及二极管等。随着整个贴装技术发展日趋完善，多种贴片元件和贴装器件的出现，作为贴装技术一部分的回流焊工艺技术及设备也得到相应的发展，其应用日趋广泛，几乎在所有电子产品领域都已得到应用。

○ 10.2.2 印刷电路板

印刷电路板发明之前一直是利用导线来将电子器件连接成电子电路（图 10-22）。

印刷电路板的出现是电子工业的一项革命，使得机械化、自动化安装和焊接成为可能，同时降低了产品的成本，提高了产品的可靠性，还减少了电子电路之间的电磁干扰（图 10-23）。复杂的电路通过叠合多层电路板来实现，微型和复杂电器的电路则通过使用小型贴片元件和集成电路来实现。

印刷电路板按所用基材可分为刚性印制板和挠性印制板；按导体图形的层数可以分为单面、双面和多层印制板（图 10-24）。

印刷电路板是电子元件的载体，目前几乎所有的电子设备都要使用它。它在电子设备中有如下功能：

1. 成为各种电子元器件固定、装配的支撑载体；

2. 实现各种电子元器件之间的电气连接或电绝缘，并提供所要求的电气特性，如特性阻抗等；

3. 为自动锡焊提供阻焊图形，为元器件插装、检查、维修提供识别字符和图形；

4. 电子设备采用印刷电路板后，大幅度降低了人工接线的差错，并可实现电子元器件自动插装、自动锡焊、自动检测；

5. 印刷电路板的应用保证了电子设备的质量，提高了劳动生产率、降低了成本，并便于维修。

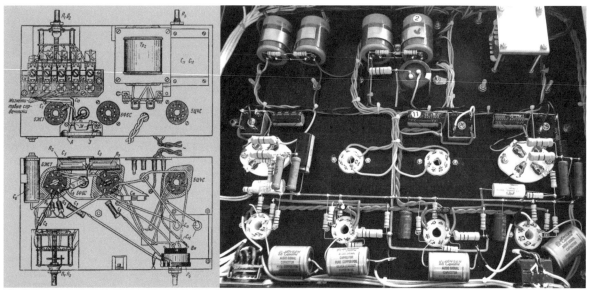

图 10-22 手工线路连接成型
图为印刷电路板发明以前的电子电路。此种电路采用分离元件通过接线柱和导线连接的方式，把元器件之间连接成电子通路。此种生产工艺完全需要手工操作，生产效率极低，容易出错。注意到各个零部件之间的导线是不同颜色的，用以区分各个电流通路，同时能够一定程度上避免生产中的错误操作。

图 10-23 插脚元件印刷电路板
相对于手工连线的电路，印刷电路板使得电路结构紧凑、合理、可靠。

图 10-24 贴片元件电路板和多层电路板
印刷电路板不断向高精度、高密度及高可靠性方向发展，不断缩小体积、减轻成本、提高性能，使得印制板在未来电子设备的发展过程中，仍然保持强大的生命力。

○ 10.2.3 印刷电路的历史

印刷电路的基本概念在 20 世纪初已有人在专利中提出过，1947 年美国航空局和美国标准局发起了印刷电路首次技术讨论会，当时列出了 26 种不同的印刷电路制造方法，并归纳为六类：涂料法、喷涂法、化学沉积法、真空蒸发法、模压法和粉尘压法。当时这些方法都未能实现大规模的工业生产，直到 20 世纪 50 年代初期，由于铜箔和层压板的黏合问题得到解决，覆铜层压板性能稳定可靠，并实现了大规模工业化生产，铜箔蚀刻法，成为印制板制造技术的主流，一直发展至今。20 世纪 60 年代，孔金属化双面印制板和多层印制板实现了大规模的生产，20 世纪 70 年代由于大规模集成电路和电子计算机的迅速以展，20 世纪 80 年代表面安装技术和 20 世纪 90 年代多芯片组装技术的迅速发展推动了印制板生产技术的继续进步，一批新材料、新设备、新测试仪器相继涌现。印刷电路板生产技术进一步向高密度、细导线、高层、高可靠性、低成本和自动化连续生产的方向发展。

○ 10.2.4 印刷电路的新技术和发展

未来印刷电路生产技术，向高密度、高精度、细孔径、细导线、细间距、高可靠、多层化、高速传输、轻量、薄型方向发展，在生产同时向提高生产率，降低成本，减少污染，适应多品种，小批量生产的方向发展。

一、CAD/CAM 系统

制造印刷电路板需要有设计表面安装印刷电路板的先进 CAD 的工作站硬件和 CAD/CAM 软件、数据库软件、专家系统软件和网络系统软件（图 10-25）。

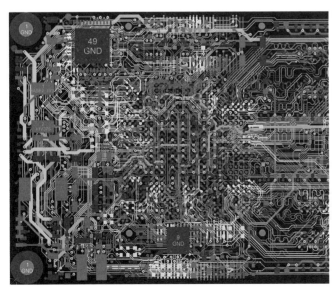
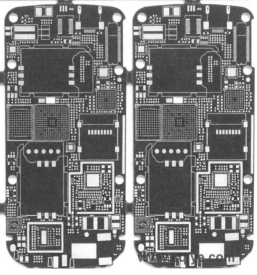

图 10-25 电路板 CAD/CAM
CAM 应包括有 PCB 设计输入，可对电路图形进行编辑、校正、修理和拼版，并输出光绘、钻孔和检测的自动化数据。

二、高密度照相底片制作技术

当前照相底片用到的光绘机向高精度和高速度方向发展，采用激光绘图系统代替普通光绘机，过去需十多小时绘成的照相底片，现只要十分钟左右即可完成，而且精度可达 0.003 mm。底片制作系统一般由 CAM 工作站、激光绘图仪和若干配套设备组成，并配备功能强大的软件。

三、小孔、微孔的钻孔技术

现代印刷电路板上的金属化孔只作电气互连用，孔径越来越小。到目前刃具方面已经发展出了小直径高韧性硬质合金钻头；钻床方面发展出了高转速、高稳定性、高精度的计算机数控钻床；辅具方面出现了能够减少钻头漂移和钻孔发热量的专用盖板、垫板材料；技术上实现了啄钻技术和激光钻孔。

四、新型覆铜箔基板材料

印刷电路板对基材提出了更高的要求，比如高的尺寸稳定性、低的膨胀系数、高的耐热性、低的介电常数和低损耗。超多层板为控制厚度和特性阻抗要求使用 ≤ 0.1 mm 和薄铜箔板材和薄预浸材料；为适应制造细导线，要求使用 5 μm 的超薄铜箔；聚酰亚胺、BT 树脂和石英纤维等增强的新型覆铜箔基材已经得到应用（图 10-26）。

五、洁净技术

印刷电路板高密度、高精度、细线条、微间距的工艺，必然对环境条件的要求极为严格，除厂房要求恒温恒湿外，照相间、干膜间、网印间、多层板叠层间要求厂房空气洁净度达 1 万级，而且要定期检测，对工艺用水也要求使用电阻大于 1MΩ 的纯水，并应有相应的测试仪器。

六、环境保护技术

在印刷电路板生产全过程中，要求节约原材料和能源，取消有毒的原材料，减少各种废弃物的排放量和毒性，最大限度减少工业生产对环境的影响，使企业经济效益最大化。清洁生产是工业污染由末端治理转向生产过程控制的新战略性转变，是实现工业可持续发展的重要手段。

10.3 练习与实践

电子电路的原理比较抽象，电流的流动更是难以通过感官捕捉，电子元器件的类型多种多

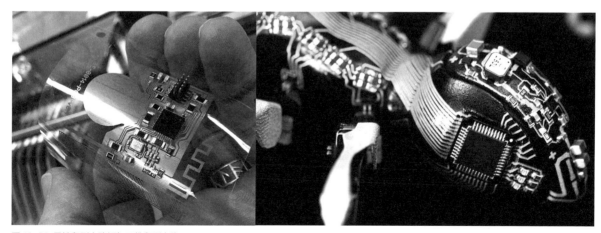

图 10-26 柔性印刷电路板与三维印刷电路
柔性电路板已经得到了广泛的应用，而三维的印刷电路则还在产业化的进程中。有这样新技术的助力，产品设计应当更加生动、富有活力。
柔性印刷电路板（FPC，Flexible Printed Circuit Board），是用柔性的绝缘基材（聚酯薄膜或聚酰亚胺）制成的印刷电路，具有许多硬性印刷电路板不具备的优点。它可以自由弯曲、卷绕、折叠，可依照空间布局要求任意安排，并在三维空间任意移动和伸缩，从而达到元器件装配和导线连接的一体化。该种电路板不但可随意弯曲，而且重量轻，体积小，散热性好，安装方便，冲破了传统的互连技术概念。FPC 还具有良好的散热性和可焊性以及易于装连、综合成本较低等优点，软硬结合的设计也在一定程度上弥补了柔性基材在元件承载能力上的略微不足。利用 FPC 可大大缩小电子产品的体积，适用电子产品向高密度、小型化、高可靠方向发展的需要。

样，这些都让人感觉力不从心。然而电子产品却是比较普及且容易在业余条件下完成实验的产品，我们学习电路的原理和电路的实现方式，通过简单的焊接实验就可以完成，这对学习者来讲却又是一项利好。

在现有条件下和广阔的未来，交互设计以电子产品的发展作为背景茁壮发展起来，若要更深入探索人和电子产品之间的关系，要进行更深入的交互设计，有必要更进一步理解电子电路，比如数字电路的逻辑实现，微机原理，传感器的原理和应用等。

○ 10.3.1 动手制作电路板并焊接电子电路

通过对电子元器件的分类，规格参数的识别，元器件的形态、体积、结构、安装方式、散热要求等做大致的了解，完工后通过仔细的检查和调试让电子电路正常工作，最后站在设计师的角度对电子电路可能的实现方式提出自己的见解，激发改良设计的创新思维。

电子电路板可以采用铜质空心铆钉来制作焊盘，用铜线来连接焊点；在条件许可的情况下，可在教师的指导下用感光覆铜板来晒制电路，钻孔后焊接元器件（图10-27）。

○ 10.3.2 从造型的角度对电子产品进行改良设计

可以将已有的电子产品解析后进行壳体的改造，用不同的材料、形态和手法去实现最终的

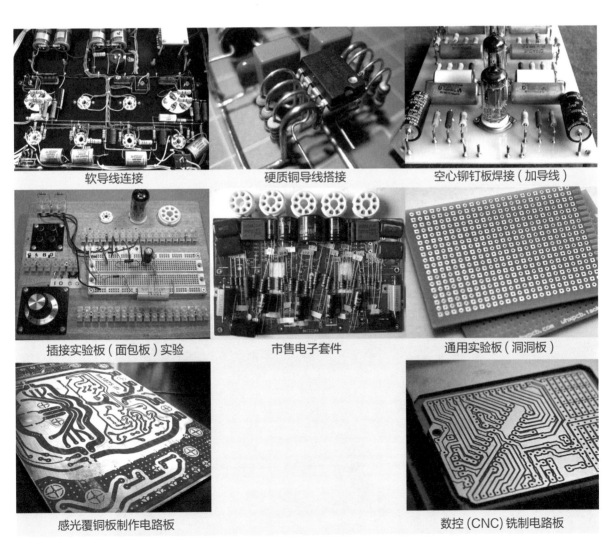

软导线连接　　　　　　　硬质铜导线搭接　　　　　　空心铆钉板焊接（加导线）

插接实验板（面包板）实验　　　市售电子套件　　　　　通用实验板（洞洞板）

感光覆铜板制作电路板　　　　　　　　数控（CNC）铣制电路板

图 10-27 电子电路实践、实验
根据实际情况选择实验方法，推荐购买包含印刷电路板在内的电子制作套件。

电子产品（图 10-28）。特别是对一些低端廉价的产品，仔细剖析后思考其设计的缺陷和不足，用已有的知识对其进行改装、改造。

解析和改造电子产品的具体过程和要求如下：

1. 以模块为单位，对原产品进行彻底的分析和拆解，认识每一部分模块的功能，在拆解的过程中做好详尽的记录；

2. 查阅相关的技术资料，了解此产品的耗散功率，及之前的散热情况；

3. 了解产品原来的使用环境和使用者，通过从人机交互和使用方式方面做出改进，以找到设计当中的突破点；

4. 在用电安全方面做出考虑，在实践中注意保护自身安全；

5. 在剖析原产品的基础上，提出改良意见，改良的第一步从更换影响产品性能的生产工艺和零部件开始；

6. 重新布置各个模块之间的空间关系，满足方便散热、便于布线、缩小体积等要求；

7. 结合总体布置关系，重新设计壳体外观和安装结构（图10-29）。

○ 10.3.3 参考选题

树莓派（Raspberry Pi）微型电脑及周边；Led 电子钟；鼠标；智能小车；耳机放大器；USB 多媒体小音箱；LED 台灯。

图 10-28 电子产品拆解观察
养成拆解学习电子产品的习惯，注意记录，注意安全，不要带电操作，装配完毕后经专业人员检查后方可通电。

图 10-29 电子产品壳体改装案例
分析产品结构，在此基础上进行壳体改装（MOD）。推荐用数控铣床、激光雕刻机和 3D 打印机进行壳体制作。

○ 10.3.4 实践案例

以在业余条件下或学习实践为主的整个过程为例，介绍电子小产品的整个设计制作过程（图 10-30 至图 10-35）。

1. 分析资料，读懂电路图

了解关重元件各种技术参数，以便进行设计。

2. 设计电路板

根据电路图和元器件参数设计电路板，输出晒版胶片图。产品设计相关软件（比如 Rhino）都可以进行电路板的绘制，最后出图打印感光胶片即可。

亦可通过 Layout 等初级布线软件进行布线，然后交由相关厂商进行打样，目前电商打样已日趋成熟，价格和工期合理。

3. 制作电路板

在感光油墨的帮助下，或直接使用感光覆铜板，覆盖胶片晒版。显影后腐蚀、裁切、清理、钻孔，条件许可的可以再晒一层阻焊膜，露出焊盘。

4. 焊接

备料并检查元件，没有问题后将元件焊接到指定的位置上，注意元件的排列摆放。

5. 完成

装箱、调试。本例中壳体为借用、改造。

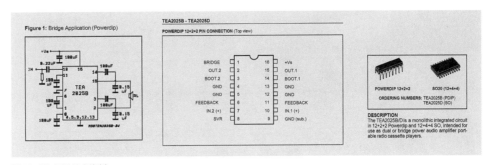

图 10-30 相关技术资料

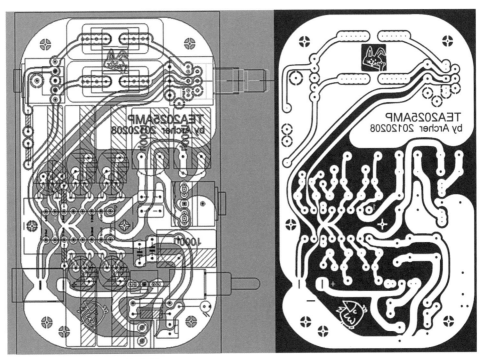

图 10-31 用设计软件进行电路板绘制

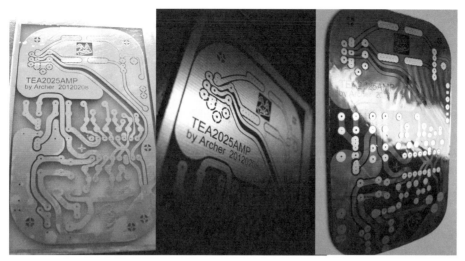

图 10-32 晒板并蚀刻出线路

图 10-33 手工焊接

图 10-34 装箱

第 11 章
电子产品技术基础

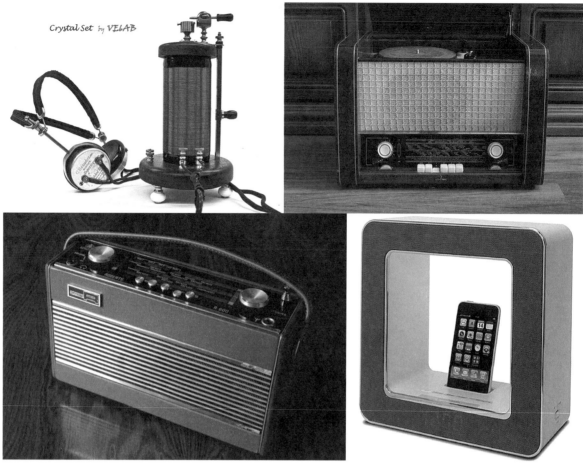

图 11-1 电子科技的发展对产品设计风格的影响
图中均为音响类别的电子产品，分别是矿石收音机、电子管唱盘、晶体管收音机和手机多媒体智能音响设备。从产品的外形可以直观感受到产品受到科技发展的影响，以及设计过程中设计师自由度的大小。

　　电子技术的发展一日千里，电子产品生产工艺日新月异，电子产品的品种和形态更是让人目不暇接，加上电子产品附带的各种软件功能，似乎电子产品的发展是无穷无尽的。通过前面的学习，作为未来的设计师，我们有必要总结一下我们面临的挑战。我们既站在时代的潮头，同样也会成为后浪。永远不要落后于技术的发展，这是作为设计师最基本的素养和生存的秘籍（图 11-1）。

　　那么接下来，我们来看看电子技术与电子产品发展带给我们的启示有哪些。

　　第一，电子技术的发展非常快捷，课堂上讲的东西很快就会成为过去时。整个行业的技术积淀非常雄厚，远远不只我们在课堂上能够掌握的，但同时行业的分工也会越来越细，反而会缺少设计师这样能够统领全局的人，这是我们的机会。学习电子技术就是要掌握学习方法，要建立兴趣，要动手，要从时代的发展去学习新的东西；

　　第二，电子技术发展到今天，是不折不扣的高科技，在全球能够生产高性能芯片的公司真是寥寥几家，甚至能够生产高性价比的晶体管的公司也屈指可数。以前那种一支电烙铁一个万用表就能够鼓捣出产品的年代已经远去了。设计师做的多是应用层面的研究，多接触前沿的电子科技，带着设计的思维去研究电子技术，不做无意义的尝试；

　　第三，电子和机械以及其他科学技术是很难在产品上决然分开的，甚至包括声学、光学等一系列学科的融合，比如一部手机就融合了声、光、机械各种输出设备，包含了声、光、图像、机械、人体信息等诸多传感器。多掌握一门技术就会多建立一个创意体系，会从技术层面得到源源不断的设计原动力；

　　第四，设计师一定要一定程度地深入技术本身，而不是诸事都交给工程师去解决，对于电子产品而言更是如此。但凡成功的设计师都有一颗工程师的头脑，否则只能算得上是个美工。苹果公司前设计总监乔尼·艾维（Jony Ive）就是这样一个技术型的设计师，戴森公司的创始人兼总工程师和总设计师詹姆斯·戴森（James Dyson）就是我们的榜样；

　　第五，电子技术的发展可能会受限于物理规律（比如极限尺寸和光波波长）而不能一直符合摩尔定律，但是这些局限性并不一定会阻碍电子技术的发展，因为电子技术和信息技术相关行业可能会在更新的理论和技术方面（如光量子技术）有所突破。设计师要永远有一颗科幻的头脑来认识自己从事的职业，永远不要被眼前的技术禁锢了自己的想象力；

第六，在今后，电子产品可能只是一个载体，重要的是载体内部的"软"东西，比如算法、控制理论、信息技术，又比如交互设计。因此，今后的产品很可能只是虚拟的产品，类似手机 APP，类似云端数据处理，但是作为设计师，对产品的硬件软件两手都要抓，两手都要硬；

第七，电子产品的发展其实也和时尚发展的规律比较接近，也会呈现螺旋式上升的"回归"现象，比如移动通信产品的"大哥大"到"掌中宝"，又发展到现在体积硕大的大屏幕手机，从消费者行为方面来讲是有一定规律所循的。说不定今后所有的信息设备都是可穿戴的，谁也没法从体积上彰显自己的品位和经济能力，但却有其他方面可以去彰显个性和时尚；

第八，消费类电子产品、机电类产品和装备类电子产品的发展是不完全一致的，其实很多产品的设计和研发也停滞了很长时间，至少是没有突破性的革新，比如抽油烟机、电热水器等；其次是有些产品技术门槛比较高，设计师难以涉足，比如装备类的检测仪器仪表、桌面电动工具等。

11.1 电子产品结构设计基础

电子产品的结构影响着电子产品呈现的外观效果，影响着电子产品的使用性能，其作用非常重要。电子产品的结构设计在电子产品的研发过程中是重要的一环，那么我们首先来看一下电子产品的研发过程。

○ 11.1.1 电子产品的研发

电子产品生产企业的产品研发已经趋于成熟，一般来讲产品的研发分为以下几种情形：第一种是仿制，如果在知识产权保护失效的情况下可以合法地获得原产品的外观和技术参数；第二种情况是改良设计，基于已有的产品进行再设计，为了一定程度上规避知识产权保护或者是对本企业的前代产品进行改良迭代；第三种情况是全新设计，可以是本企业的全新设计，也可以是针对委托项目进行的设计。

三种情形下对于电子产品结构设计的要求是不同的，难度也逐渐加大。

在进行电子产品结构设计之前，必然已经确定了产品的外形设计。外形设计来源于最初的概念设计阶段，一般由产品设计师完成，然后通过效果图、外观线图、实物模型或三维数模的形式（如通用 IGS、STP 等数据文件）提交给后续的结构工程师进行工程化设计。第三种全新设计的情形下，通常由设计师做出油泥模型，或通过三维建模数据加工出实物模型，由多方进行评估，评估内容包括外观效果、材料选择、功能和重要尺寸，初步确定技术细节比如确定散热进出风口通道的位置和结构形式，确定出线窗的形式，确定开关等结构细节形式。

外观设计基本完成后即可进行结构设计，这个步骤通常是交由结构工程师去完成，他们通过基于上述步骤获得的面型数据进行计算机三维建模，模拟出壁厚度，核查各部分舱室的空间，同时核查外形是否与空间结构矛盾或冲突，核查结构设计能否满足注塑模具生产条件等。

结构设计完成后通常需要通过相关评审，并再次制作模型来验证。这个阶段的模型属于工程模型，能够验证产品是否达到了设计性能，验证空间结构、装配合理性，甚至包括使用噪声和强度实验等。所有的测试需要与设计输入文件进行比对，不达标的部分需要进行设计调整。

结构设计阶段的工作完成后即可进行注塑模具的设计和生产，通常是交给专业的模具厂家去完成，并且需要给整个研发阶段留出 40~50 天的时间。模具制作完成后，即可试制外壳样件，并进行样机制作，随后还要测试。通过测试和处理得到各方面信息的反馈后，一般需要再进行第二次、第三次的设计变更与改进后才能够实现量产。

○ 11.1.2 电子产品的结构设计

现代的电子产品结构设计一般都是在计算机辅助设计的基础上对电子产品的结构进行三维数据模型的构建，因此我们提到的产品结构设计一般都是基于计算机软件的应用层面。

结构设计分为以下几个步骤：

一、材料的选择和壁厚的确定

一般来讲，现代的电子产品壳体最好的成型方式是注塑，因此很多时候我们讨论的结构设计是围绕注塑来进行的。首先要根据产品的用途和其他强制性要求（比如强度、成本等）来选择材料，其次根据材料性能和产品特性来确定壁厚。对于材料壁厚数据的选择，为了便于计算和处理，我们一般在推荐值中选取到小数点后一位即可。以电子产品常用的壳体材料 ABS 为例，U 盘外壳壁厚取 1.2 mm，手机外壳壁厚取 1.5 mm，鼠标外壳壁厚取 2.0 mm，液晶显示器外壳取 2.5 mm，防水产品外壳壁厚可以取 3.0 mm，大型产品如落地式医疗器械取壁厚 3.0~4.0 mm，如果还需要更高的强度，则可以通过添加加强筋等方式来获得。

二、外壳面型三维数模建模

根据不同的研发形式，外壳的面型数据可能通过三维扫描来获得，还可以通过产品设计师的外观面三维数模来获得，也可能是工程师直接基于设计师的平面效果图进行三维建模来获得。一般来讲，直接通过产品设计师提供的数模应该更加符合设计理念，如果因为结构设计的原因需要调整外观设计，那么工程师应当和设计师进行沟通，共同完成外观的调整。如果产品设计师自身就具有结构设计的能力，那么对于产品的研发来讲是更加完美而高效的。

然而在设计师开始外观设计之前，还需要工程师提交产品的基本结构装配方案，包括了各个零部件和组件的尺寸、空间位置等关系。比如电子产品会包含诸如 LCD 屏、LED 灯、电池组件、主板组件等，它们需要一个相对较为确定的结构关系（图 11-2）。

三、电子元器件空间位置的最终确定

由于零部件是直接焊接在电路板上，在设计电路板安装空间和安装状态的时候必须考虑其最大电子零件的空间占位和其活动空间（比如游戏机手柄的摇杆电位器）。以某些电子产品为例，影响到外壳外观的零部件、组件或细节结构特征包含液晶显示屏、相机镜头、总装螺柱和螺孔结构、电路板、防水结构、按键系统、电池系统及其他辅助性的结构。

液晶显示屏（以下简称 LCD）：通常 LCD 玻璃屏厚度 1.5 mm，屏后双面胶贴厚度 0.2 mm，面壳局部减薄（挖沉槽）0.6 mm，则 LCD 屏组件（包括双面贴）到外壳表面的距离就是 2.3 mm。这是其中一个零部件精确定位的方法。工程师将所有的零部件都精确定位后，需要和设计师将最终微调后的外观改动进行确认。

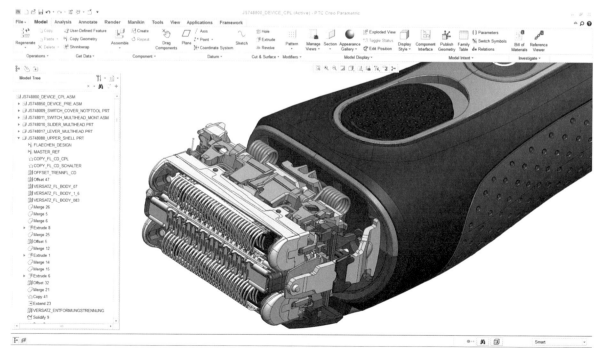

图 11-2 电子产品的三维数据建模

外观设计的依托是产品的内部结构，抑或内部结构根据外观进行重新设计，这一切需根据三种研发过程的不同。在计算机辅助设计的前提下，如果已经开始外观的面型建模，那么内部的组织结构和模块应当也建模完毕，在后续的结构设计阶段会解决模块、零部件之间的空间关系和装配关系。

图 11-3 电子电路中的接口和接插件
电子电路中的接口和接插件往往是体积较大的元器件，需要留足相应的活动空间。螺柱以及螺孔应当避开电路板上关键、重要零部件；需要反复插拔的零部件周围和其他受力零部件周围应该均布安装孔位用于结构的增强以及电路板的紧固。

相机镜头：一般外层玻璃镜片要求留足 1.5 mm 厚空间，条件不足也可以是 1.0 mm；镜片的固定通常用双面胶，需预留 0.15~0.2 mm 的厚度空间；塑料镜片也可以通过弹性扣合固定，可以省去双面胶的厚度；如果塑料镜片有防水的要求，可以用超声波焊接，也可以省去双面胶的厚度。

总装螺柱和螺孔结构：总装螺柱和螺孔是连接面壳和底壳的结构，其结构直接影响到整机的装配效果和可靠性；它们可以在结构设计的最后来做，但应该在建模初期就考虑清楚，最好先把它们的位置置定下来；螺柱螺孔的设计先要考虑整机的受力情况，一般要求深度至少满足拧满 3 圈螺纹，此外孔内要留容屑空间 0.3 mm 以上；电子产品的连接螺钉规格通常在 M1.5~M3.5 之间，视产品尺寸和受力要求而定（图 11-3）；空间允许的话，长螺柱周围可以构建一些加强筋，除了改善受力，还能使注塑过程顺畅。

电路板结构（以下简称 PCB）：PCB 是电子元件附着的载体，一般小电子产品（如遥控器）的电路板厚度选用 0.8 mm；大电子产品（如电磁灶）的电路板厚度选用 1.0~1.6 mm。电路板由树脂或复合材料制成，有一定强度和刚度，但是不应让其承受弯曲应力。电路板的安装应当是没有弯曲的平放，以实现电子元器件的正常功能，同时避免弯折电路板带来的铜箔电路的折断和磨损。电子电器的组装过程包含了电路板或功能模块的定位、安装过程。在产品设计过程当中给电路板和功能模块设计容纳空间和定位、紧固结构具有重要意义，保护好了电路板就等于保护好了电器本身。通过在壳体上设计导柱、凸台、锥台等结构，同时在电路板上对应的位置设计孔、槽的方式来实现电路板的定位（图 11-4）。定位的意义在于正确安放电路板到设计位置，并且解放安装工人的脑和手用于更重要的安装和检测步骤。

PCB 上的按键位置是需要受力的，可以的话应尽量离螺丝柱和卡槽近点，必要时按键反面壳体结构增加支撑点；数码产品常用到的电源插座和耳机插座也是要受力的，可以在 PCB 上插座对应的另一侧加支撑结构；在 PCB 上布线是需要条件和时间的，通常是结构建模初期就提供初步裁板图（轮廓线图）给电子工程师进行初步设计，以确定 PCB 面积是否足够；结构设计的中间过程，大元件、敏感元件的摆放也要和电子工程师进行沟通和协调（如做

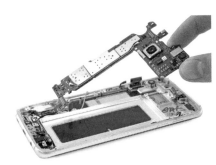

图 11-4 电路板和壳体之间的关系
电路板在壳体中是处在一个定位、固定和受保护的状态，同时需要考虑电磁屏蔽、散热、绝缘等要求。

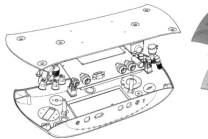

图 11-5 壳体、电路板、接插件和开关之间的关系
对于便携性要求不高的产品，为了保证接插件、按钮、开关等的使用强度，它们可以脱离于电路板而直接装配在强度更高的壳体上面，通过导线和电路板进行连通，这种方式也保证了对按钮等操控的角度能够和人的习惯吻合，缺点是生产装配比板载的形式更加复杂，效率低。

蓝牙耳机时通常把天线放在靠近嘴的一端，这种信息不通过沟通是没法获得的）（图11 5）；做完所有结构后再出正式的裁板图，接下来电子工程师根据裁板图布线的时候，结构工程师这边在做工程模型（行业俗称"手办模、手板模"），模型完成，PCB样板差不多也能到位，因此正好装功能样板。

按键结构：常用按键有金属簧片按键、导电橡胶按键、机械按键等几种，可根据空间大小、行程要求、手感要求来选择；金属簧片按键行程短，一般为0.2~0.5 mm，可靠性好，占用空间小；橡胶按键行程长，一般为1.0 mm，橡胶材质，可靠性较低，占用空间大，优点是按键手感好；电话机、遥控器里常用橡胶按键，这些橡胶按键在底部连成一片，方便安装；机械按键，内部还是金属簧片结构，比如鼠标按键，能有很清晰的按键音，按键手感较好。

电池结构：电池通常安排在PCB的背面或侧边，按照形状可分为纽扣电池、干电池、锂电池等；可更换式电池通常需要设计电池箱，电池箱体是根据电池形状和在机身内放置的方式而设计的，一般壁厚1.0 mm，外面加盖做电池门；可充电的锂电池无须做电池箱。电子产品的电池结构先从功能的需要开始进行，先根据功能的需要确定电池容量的规格，再根据容量的规格计算出电池芯合适的厚度、长度和宽度，最终确定电池芯的具体结构。

翻盖结构：有的产品有盖，用时打开；有的桌面产品有翻盖从机身下向后翻，可以当作支撑脚，因受力要求，建议壁厚取1.5 mm以上；手机的翻盖结构多靠金属机械转轴系统，可以根据使用要求来选型。

挂墙孔结构：电子钟、路由器等产品的挂墙孔设计成葫芦形状，螺钉头既可以塞进去又能卡住，但注意螺钉头伸进去的深度，不能太深以致螺钉碰及PCB。

四、其他结构

除了壳体外，很多内部结构需要同步进行设计，根据使用需求和工程化的要求，需要不同的材料和成型工艺，比如钣金结构（图11-6）。这时候需要结构工程师同步开展设计，以求整个产品结构不出错。

五、检查

结构设计初步完成后，检查是必不可少的程序。

空间干涉检查：图纸和数据模型毕竟是非实物，各零部件之间有空间交叉和干涉是经常出现的错误。但是在计算机辅助设计的基础上，某些工程软件让干涉检查变得简单，能够快速找到干涉位置。

最小壁厚检查：为了摆放零部件在掏挖空间的过程中，出现局部壁厚过薄，检查时要求一般最薄壁厚不要低于0.5mm即可。

运动检查：需要对运动构件或组件进行运动的检查，以确认整个运动过程没有问题。比如弹弓扣的电池门在开合的过程中弹弓位不得撞到电池箱；摄像头在翻转过程中头部不会碰到其他结构；翻盖手机在开合的全过程都要保证壳体之间不相碰。

六、完成工程样机以及各种测试

结构设计完成后需要通过制作工程样机来进行验证。样机壳体的制作方式比较多，已经形成了比较成熟的产业，一切根据结构设计的数据和要求来完成。工程样机用于验证装配工艺，比如装配可行性、装配难易程度，还可以验

图11-6 电子产品的钣金支撑结构与屏蔽、散热结构

这些功能结构满足电子产品安装、使用、检修过程中的需求，应当结合这些需求进行同步设计，稍微有所改动便有可能是全局性的改动，费时费力，因此一定要合理规划，合理安排设计工作步骤。各个企业要求不同，技术力量不同，产品成本和市场不同，因此相关的设计会有很大的变动空间，并没有统一的标准。

证最终的外观设计效果等；此外还可以利用工程样机进行品质测试，包括跌落测试、防水测试、防静电测试、声压测试、灵敏度测试、按键可靠性测试、支架站立测试等，装配封箱后还有震荡测试、堆高测试等。在这些测试中出现的问题都属于模具设计要解决的，但是最主要的是设计之初就可以预防的，这就要依托于结构工程师的经验和责任心。

○ 11.1.3 认证

要让产品尽快上市，还需要经过认证这个过程。认证是一种信用保证形式（图 11-7）。产品认证相对来说比较广泛，各种不同规格的产品和不同的产品认证价格都不一样，用途也不一样，比如说 CCC 国家强制性认证和 CE 欧盟安全认证分别针对不同的国家、地区和不同的实际性的要求。（详见第 14 章相关内容。）

11.2 电子产品的热设计

热量是能量的一种，产品在消耗电能、机械能的过程中，这些能量最终会转变为热能耗散出来。电子电器产品的散热结构直接关系到产品的总体布局和形态设计，关系到用户的使用体验。散热不当的产品会减损寿命、停止工作甚至引发火灾。如何保证电子产品的长时间可靠运行，一直是电子工程师和结构工程师们的工作重点。造成电子产品故障的原因虽然很多，但是高温是其中最重要的因素，其中高温对电子设备的影响高达 60%，其他因素按重要性依次是振动、潮湿、灰尘。

对设计师来讲，芯片级的散热设计不在设计范围以内，主要应当关注机箱整体散热条件以及机箱散热对形态的影响（图 11-8）。

图 11-7 认证标识
产品认证代表了一种信用，通过了认证便可以在产品包装或标贴上印上认证标识，商家和消费者可以通过标识进行选择。

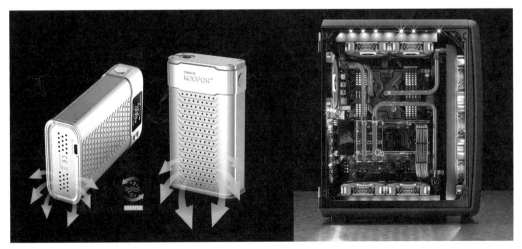

图 11-8 产品的热设计和外观
产品的热设计直接影响了外观设计。为了保证散热的效果，壳体上通孔的面积便有相关要求，同时也对使用方式进行了限制（比如机箱前端进风，后部排出热气），设计师在这一要求的基础上对外观进行设计，无意当中又给设计增加了一个限制条件，但同时也是给设计添加了更多的工程语言和丰富的细节特征。

○ 11.2.1 传热方式

热量从系统的一部分传到另一部分或由一个系统传到另一个系统的现象叫传热。一般来讲，凡有温差的地方就有热量的传递；热量总是从高温区流向低温区，同时高温区发出的热量必定等于低温区吸收的热量。

传热有三种方式：热传导、热对流、热辐射。

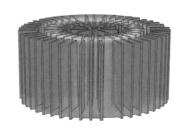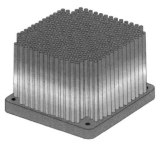

图 11-9 热传导温度梯度模拟
在计算机辅助模拟下，用颜色可以表达出导热介质的温度变化，从高温到低温形成了温度梯度，可以很直观地了解散热的效果以及提出改良方案。

热传导是介质内无宏观运动时的传热现象，其在固体、液体和气体中均可发生，但严格而言，只有在固体中才是纯粹的热传导，而流体即使处于静止状态，其中也会由于温度梯度所造成的密度差而产生自然对流，因此，在流体中热对流与热传导同时发生。物体或系统内的温度差，是热传导的必要条件。或者说，只要介质内或者介质之间存在温度差，就一定会发生传热。热传导速率决定于物体内温度场的分布情况（图 11-9）。

热对流又称热对流传热，是指由于流体的宏观运动而引起的流体各部分之间发生相对位移，冷热流体相互掺混所引起的热量传递过程。对流传热可分为强迫对流和自然对流。强迫对流，是由于外界作用推动下产生的流体循环流动。自然对流是由于温度不同密度梯度变化，重力作用引起低温高密度流体自上而下流动，高温密度流体自下而上流动。

热辐射是一种物体用电磁辐射的形式把热能向外散发的传热方式。不管物质处在何种相态，都会以电磁波的形式向外辐射能量。此外一切温度高于绝对零度的物体都能产生热辐射，温度愈高，辐射出的总能量就愈大。由于电磁波的传播无需任何介质，所以热辐射是在真空中唯一的传热方式。

实际的传热过程一般都不是单一的传热方式，如烧开水时火焰对茶壶的传热，就是辐射、对流和传导的综合过程，而不同的传热方式则遵循不同的传热规律。

○ 11.2.2 散热方式

散热通常综合利用三种传热方式，把产品使用过程中产生的热量向周围环境散发，以期降低产品自身的温度。

一、传导散热

传导散热是指热量直接传给与之接触的温度较低物体的一种散热方式。经这种方式发散的热量取决于热源的温度与接触物体之间的温度差、接触面积，界面热阻和传导对象的导热性能等。

产品中传导散热的应用的方式较常见，比如计算机中央处理器（以下简称 CPU）向金属散热片传导热量的设计。散热片常采用铝或铜，这两种材料是常用的导热材料，那么传导对象的导热性就具备了；CPU 和散热片之间涂抹了导热性好的介质（导热硅脂、石墨等），那么界面热阻就减小了；接触面积由 CPU 自身的面积决定；那么剩下的就是 CPU 和散热片之间的温度差了。因此，为了提高 CPU 和散热片之间的温度差，必须把散热片的热量及时传导出去，让散热片的温度降低，才能有效对 CPU 散热（图 11-10）。这时候，对周边环境来讲，散热片就成了一个热源，通常散热片的热量采用的是对流的方式散发出去。

二、对流散热

对流散热是指通过流体流动进行热量交换的一种散热方式，如烟

图 11-10 CPU 的散热
为了保证 CPU 的散热，除了要用到非常好的热导体，将热量快速传导到散热器上，在 CPU 和散热器之间还需要加上导热介质，用以填充二者之间的微间隙，让热传导更加可靠。而 CPU 的散热片对环境的散热主要就是由气体的对流来完成的。

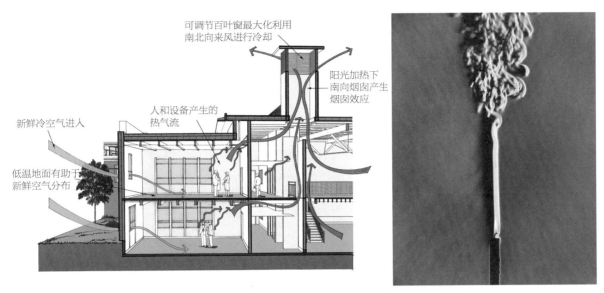

图 11-11 烟囱效应
烟囱效应利用了热空气膨胀上升的原理，这种天然形成的对流驱动力可以加强对流散热，让冷空气"抽吸"到整个体系中，整个过程环保高效。

囱效应的应用（图 11-11）。通过对流散失热量的多少，除取决于热源与周围环境之间的温度差和热源的有效散热面积外，受流体流速的影响较大。日用产品用液体对流散热的不多，因其系统复杂，可靠性低。对散热额要求不高的产品可以通过自然风冷，如小排量摩托车；对需要保证散热效果的或者散热条件恶劣的产品需要采用强制风冷来进行散热，比如半封闭在发动机舱的汽车发动机的散热。

三、辐射散热

辐射散热是指产品以电磁波的形式将体热传给外界的一种散热方式，因此也叫作热辐射。辐射散热量的多少主要取决于热源与周围环境之间的温度差，温度差越大，散热量就越多。反之，若环境温度高于热源温度，则"热源"不仅不能散热，反将吸收周围环境中的热量。此外，辐射散热还取决于热源的有效散热面积，有效散热面积越大，散热量就越多。

四、蒸发散热

蒸发是液体从热源表面汽化时吸收热量而散发热量的一种方式。蒸发散热已经不属于传热，而是基于物质流失带走热量的机制。在实际应用中，由于水的比热容非常高，因此通过水分的蒸发带来的散热效果是非常明显的（图11-12）。例如当环境温度等于或高于皮肤温度时，汗液的蒸发将成为唯一有效的散热形式；反之有时候气温并不高，但是空气的相对湿度很高，那么这时候出汗却起不到散热作用，因为汗液不能有效蒸发，人体会感觉到"闷热"。

图 11-12 蒸发散热创新产品
在干燥的热带地区，一种"土冰箱"是很好的绿色设计产品。它利用了水蒸发吸热的原理，水存储在陶罐的夹沙层中，透过土陶细密的空隙布满整个陶罐表面，随着水的蒸发，整个体系的温度都随之下降，使得保存果蔬时间延长很多。

图 11-13 直观的热量监测
通过热成像仪器可以探测到产品和设备运行过程中温度分布的情况，通过图像的形式将温度信息呈现出来，这是一种
很好的热设计的工具。

产品中直接利用蒸发散热的情形不常见，多是间接利用，如热管技术的应用。液氮和液氢的比热容也非常高，也常用作特殊场合的散热或制冷。

五、制冷

制冷一般需要消耗能量或物质，其成本较高，但是总体来讲散热效果会好于被动散热。制冷包括相变制冷（蒸发）、无相变制冷、压缩式制冷、吸收式制冷等。

○ 11.2.3 产品热设计

电子设备的有效输出功率比所需的输入功率小得多，而这部分多余的功率则转化为热而耗散掉（图 11-13）。随着电子产品性能的不断提升和人们对于智能便携化和微型化要求的不断提升，电子产品的功耗不断上升，而体积趋于减小，高热流密度散热需求越来越迫切。

热设计便是采用适当可靠的方法控制产品内部所有电子元器件温度的设计，使其在所处的工作环境条件下不超过稳定运行要求的最高温度，以保证产品正常运行的安全性、长期运行的可靠性。此外，低温环境下通过加热而使设备启动也是热可靠性的重要内容。

设备的耗散的热量决定了温升，因此也决定了任一给定结构的温度；热量以导热、对流及辐射传递出去，每种形式传递的热量与其热阻成反比；热量、热阻和温度是热设计中的重要参数；所有的冷却系统应是最简单又最经济的，并适合于特定的电气和机械、环境条件，同时满足可靠性要求。

产品的热设计应与电气设计、结构设计、可靠性设计同时进行，都作为工程设计的内容来进行。

○ 11.2.4 产品的热设计过程

一、功耗分析

输入功率是指设备所吸收的功率。知道产品的输入功率和有效功率，就能够算出耗散功率，耗散功率等于输入功率减去有效功率。一般来讲产品中的热量是由耗散功率带来的，但是有效功率中也有很大一部分转变为了耗散功率。这些损失功率产生的原因是产品的机械摩擦、震动、噪声等，最终结果都有可能转变为热量。

以液晶显示器为例，电源接入显示器后，一部分能量用于电信号处理，能耗集中在处理芯片上，产生热量并消耗掉；在电子电路部分会有少量的能量以电磁波的形式辐射出去，造成耗散；一部分用于显示器背光的产生，光源自身会发热，并且也是显示器中的主要热源，此外光源的能量一部分被光学元件吸收，一部分照射出来进入人眼。由此看来，显示器为了显示图像，其输入功率和有效功率（进入人眼的光线的功率）是有很大差距的，较多的能量都变成了热量，需要散发出去。

为了达到良好的散热效果，可以以输入功率为热负荷功率进行散热设计，甚至可以上浮一定功率作为安全值。

二、导热计算

一般来讲导热和散热的计算比较复杂，在有条件的情况下可以采用仿真软件来计算。然而最有效和最合理的方式却是通过做实验来完成设计，比如通过测定温度以及用热成像仪来定性观察。如果达不到要求，则通过加大散热面积、改变散热环境和散热方式等来调整。

也有一些产品的散热情况多变，并且可以根据条件变化动态控制散热方式，如汽车发动机的散热，在汽车怠速和高速行驶状况下，功耗相差很大，而散热条件是差别很大的，这时候可以通过水箱风扇来切换自然风冷和强制风冷；其次是季节的影响，地表温度可以从 −30 ℃ 到 40 ℃，尤其在低温环境下，发动机散热系统不仅不考虑散热，还需要进行保温处理。

以对流散热为例，对流散热既受导热规律的支配，又受流体流动规律的支配，属于一种复杂的传热过程，表现在对流散热的影响因素比较多：

1. 按流体产生流动的原因不同，可分为自然对流和强制对流；按流动性质来区分，有层流和紊流之别。层流和湍流的散热效果不一致。

2. 流体的物性对对流散热的影响，如黏度、密度、导热系数、比热等，它们随流体不同而不同，随温度变化而变化，从而改变散热的效果。

3. 热源表面的几何条件对对流散热的影响，如流体管道中的进口、出口段的长度，形状以及流道本身的长度等；热源表面的几何形状，尺寸大小等；热源表面的粗糙程度；热源表面的位置以及流动空间的大小。

4. 散热面的边界条件，如恒热流、恒壁温等，也会影响对流散热。

5. 流体物态改变的影响。当流体没有相变时对流散热中的热量交换是由于流体的显热变化而实现的；而在有相变的散热过程（如沸腾或凝结），流体的相变潜热往往起着主要作用，因而散热规律与无相变时不同。

6. 使用风扇能带走散热器表面大量的热量，降低散热器与空气的温差，使散热器与空气之间的热阻减小。

三、选定散热方式，结构设计

从定性的分析来看，面临着如何把热量有效地从核心热源上"提取"出来，并从机箱中散发出去这样一个过程。

表 11-1 对流换热方式与换热系数

对流换热方式	换热系数
空气自然对流	3~10
空气强迫对流	20~100
水自然对流	200~1000
水强迫对流	1000~15000
水沸腾蒸发	2000~25000
水蒸气凝结	5000~15000

热结构设计首先根据资料确定散热的基本方式，如表 11-1 中的对流换热方式和换热系数的具体数值可以进行检索；其次对于具体的散热结构，可以采用类比法，如相同功率，相同体积的机箱，基本可以采用相同的散热方式，相同面积的进、出风口（图 11-14）；最后就是功能样机的实验，根据散热情况更改设计。

○ **11.2.5 散热设计要点**

从形态、结构方面来看，产品的散热设计需要注意以下几点：

一是产品的散热设计以功率耗散计算为基础，不能散热不足，也不能过度散热（比如引起结露等现象，造成短路危险）；

二是开放系统如果采用强制风冷，则需要考虑风道的阻力，阻力的计算可以完全参照流体力学的原理来进行，也可以通过模型检验；

三是开放系统如果采用自然风冷，那么产品壳体的开口要遵循热空气上行的原理，在壳体上部留足够面积的散热口（孔），在底部留足相应面积的冷风口（孔）（图11-15）；

四是开放系统需要考虑进气系统的过滤结构，否则在长期的使用过程中，尘埃会影响散热效果，导致散热不良；

五是封闭系统主要靠机箱壳体的自然散热，那么壳体材料的选择和造型显得尤为重要；封闭系统如移动硬盘（图11-16）；

六是加大散热器的散热面积可以增强散热效果，然而散热器直接关系到产品成本，因此不能无限制地增大。

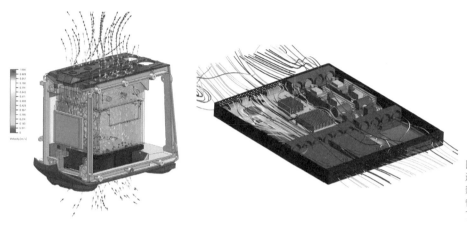

图 11-14 计算机辅助散热设计
通过计算机仿真，对机箱的散热设计可以做到直观而准确，省去了大量的研发时间，提高了研发效率。

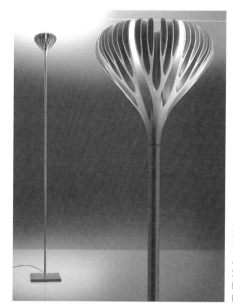

图 11-15 自然散热的灯具设计
当散热成为某些产品的刚性需求时，对设计师而言绕开这一点来做设计是不切实际的。在功能、结构和外观之间达成妥协，和谐共生，让最终的设计成果充满了理性与朝气。图中灯具利用了散热鳍片有机组合的结构，打造了具有艺术气息的优秀作品。

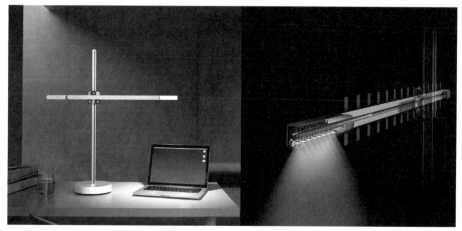

图 11-16 封闭系统的散热设计
LED 灯具中的 LED 灯珠体积微小，因此灯具可以设计得非常紧凑，然而小巧的灯珠使得热量集中到很小的区域，如果散热不当，轻则造成 LED 灯珠持续的光衰，重则快速损坏LED 灯珠。图为戴森公司某款灯具，它通过高效的"热管"来将 LED 产生的热量快速地传递到灯杆整个金属壳体，利用灯杆的尺寸优势大大增加了散热面积，满足了散热条件。

11.3 产品声学原理

直接利用声学的产品应当是音响系统了，并且在数字化智能产品高速发展的今天，声学元器件的体积越来越小，音响效果越来越完美，然而并没有阻碍人们对声音的质量提出越来越高的要求。一些新奇特的产品也逐渐涌现，比如共振音响产品。

○ 11.3.1 声学

声学是物理学分支学科之一，是研究介质中机械波的产生、传播、接收和效应的科学。

声音是人类最早研究的物理现象之一，声学是经典物理学中历史最悠久而当前仍在前沿的唯一分支学科。"情发于声，声成文谓之音"，"音和乃成乐"，声、音、乐三者不同，但都指可以听到的现象。古人对声本质的认识与今天的完全相同，东西方人都认为声音是由物体运动产生的，在空气中以某种方式传到人耳，引起人的听觉。声的传播问题则更早就受到注意，几乎 2000 年前，中国和西方都有人把声与水面波纹相类比。

人耳能听到的最低声强大约是 10~6 W/m² (声压 20 μPa)，在 1000 Hz 时，相应的空气质点振动位移大约是 10 pm，只有空气分子直径的十分之一，可见人耳对声的灵敏度确实很高。19 世纪就有不少人耳解剖的工作和对人耳功能的探讨，但至今还未能形成完整的听觉理论。

音调与频率的关系明确后，对人耳听觉的频率范围和灵敏度也都有不少的研究。G.S. 欧姆于 1843 年提出人耳可把复杂的声音分解为谐波分量，并按分音大小判断音频的理论。在欧姆声学理论的启发下，开展了听觉的声学研究，并取得了重要的成果。

在 20 世纪，由于电子学的发展，使用电声换能器可以产生、接收和利用几乎任何频率、任何波形、任何强度的声波，已使声学研究的范围远非昔日可比。

现代声学中最初发展的分支就是建筑声学和电声学以及相应的电声测量。以后，随着频率范围的扩展，又发展了超声学和次声学；由于手段的改善，进一步研究听觉，发展了生理声学和心理声学；由于对语言和通信广播的研究，发展了语言声学。在第二次世界大战中，开始把超声广泛地用到水下，使水声学得到很大的发展。20 世纪以来，全世界由于工业的快速发展出现了噪声污染问题，因而促进了噪声、噪声控制、机械振动和冲击研究的发展。高速大功率机械应用日益广泛，使得非线性声学受到普遍重视。此外还有音乐声学、生物声学。这样，逐渐形成了完整的现代声学体系。

○ 11.3.2 声学基本概念

声音的本质是振动波，因此其很多物理现象和物理量和波是一样的。

频率：声音由物体的振动而产生，通过空气传播到人耳的鼓膜，鼓膜也产生同频率振动。声音的"高低"取决于物体振动的速度，振动快就产生高音，振动慢就产生低音。人耳能感受到的声音频率大约是 20 Hz ~ 20000 Hz。

响度：响度又称音量，是人耳感受到的声音强弱，本质上是人对声音大小的一个主观感觉量。响度的大小取决于声音接收处的振幅和接收处离声源的距离，声源振幅越大，响度越大；声波传播得越远，响度越小。响度随振幅的变化不是简单的线性关系，而是接近于对数关系。当声音的频率、声波的波形改变时，人对响度大小的感觉也将发生变化。

音质：不同的乐器和人声会发出各种音质不同的声音，这是因为几乎所有的振动都是复合的，不会是单纯的正弦波。如一根正在发音的小提琴弦不仅全长振动，各分段同时也在振动，根据分段各自不同的长度发音。这些分段振动发出的音不易用听觉辨别出来，然而这些音都纳入了整体音响效果，这样的不同发音叫作泛音。泛音的组合决定了特定的音色，并能使人明确地感到基音的响度。乐器和自然界里所有的音都有泛音，好音质的乐器都有相当的泛音，没有泛音的发音是谈不上音质的。

声波：通常声音通过空气传播，发音体的振动是通过空气的振动而传递，这种振动即声波。由于空气易于被压缩，因此声波主要靠空气压缩产生的疏密波来进行传导。如同光线可以反射一样，声音亦可发生反射，比如"回声"。同理，如果有阻碍物挡住了声波的通行，则会产生"声影"，然而不同于光波，声波倾向于围绕阻碍物而发生衍射，而不一定会产生一个完全的声影。

共鸣：共鸣指一物体对一个特定音的响应，即这一物体由于那个音而振动。如果把两个调音相同的音叉放置在彼此靠近的地方，其中一个发声，另一个会产生和应振动，即共鸣。

噪音：区别于乐音，噪音指的是音高和音强变化混乱、听起来不谐和的声音，从物理学的角度来看，噪音是发声体做无规则振动时发出的声音。同时噪音也指"噪声"，是在一定环境中不应有而有的声音，泛指嘈杂、刺耳的声音，一般来讲凡是妨碍到人们正常休息、学习和工作的声音，以及对人们要听的声音产生干扰的声音，都属于噪声。

○ 11.3.3 音质的评价

自然界中的声音是非常复杂的，人类的音乐更是千变万化，作为人造的设备、电子产品来讲，要原汁原味地记录并重现声音非常困难，因此对产品而言，引入了声音质量这个概念。

对产品而言，声音的质量是指经传输、处理后音频信号的保真度。产品的声音质量和带宽有如下 4 个级别，分别是：普通电话音质，信号带宽为 300 Hz ~ 3400 Hz；调幅广播音质，信号带宽为 80 Hz ~ 7000 Hz；调频广播音质，信号带宽为 50 Hz ~ 15000 Hz；数字激光唱盘音质，信号带宽为 20 Hz ~ 20000 Hz。

声音是通过电信号的存储而保留在设备当中的，早期是直接将声波的频率、振幅等动态过程直接记录在媒体上，比如唱片或磁带，它们记录的是连续信号，也叫模拟信号。数字化技术成熟之后，通常是通过压缩等方式来对声音信号进行处理和存储，处理的是数字信号。

对模拟音频信号来讲，重放声音的频率成分越丰富，失真与干扰越小，则声音的保真度越高，音质也越好。对数字音频信号来讲，重放声音的频率成分越丰富，误码率越小，音质越好。对语音来讲，其音质体现在清晰、不失真即可，重放平面声像即可；对乐音来讲，体现在营造空间声像，如多声道立体声、环绕声等的应用。

○ 11.3.4 产品噪声发射标准

产品噪声发射标准是为了控制工业产品的噪声，减少噪声对产品使用者健康的危害，并促进产品质量的提高，国家相关部门对一些工业产品辐射噪声的声压级、声功率级以及测试方法作出了规定，如由国家质量监督检验检疫总局和国家标准化管理委员会发布的《家用和类似用途电器噪声测试方法通用要求》（GB/T 4214.1—2017）。

噪声发射也属于强制性的要求，达不到标准不能准许售卖（图 11-17）。

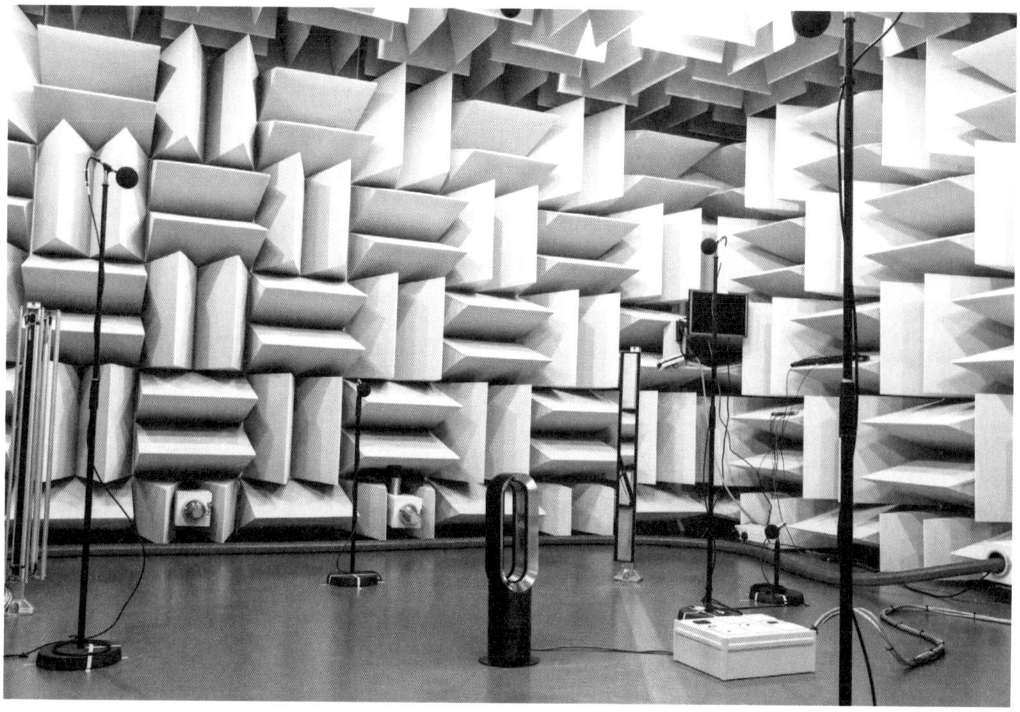

图 11-17 噪声检测
图为戴森公司的噪声检测实验室，正在对某款空气净化器产品进行噪声检测。

图 11-18 照明
广义的照明有很多含义在里面，可以是传达信息，也可以是营造氛围。然而这一切都是建立在对光学、电子学的良好的理解和应用的基础之上。

11.4 产品照明原理

照明是一种措施，它包含天然采光和人工照明两种类型。

室内设计的照明是对各种建筑环境的照度、色温进行的专业设计。它不仅要满足室内亮度上的要求，还要起到烘托环境、气氛的作用。一般由室内建筑师提出要求，电力工程师进行核算、调整。影像拍摄过程的照明，涉及照明器材的使用，光线设计，现场布置，光位、光比、影调及光影效果的确定，镜头布光处理等，是摄影师进行创作的不可缺少的手段。

照明设计应以人的需求为出发点，同时工程上必须考虑安全性和实用性，其中包括照度要求、安装方式、维修方式等（图 11-18）。

○ 11.4.1 照明

我们先明确一些照明相关的概念。

光通量：光源在单位时间内发出的光亮总和称为光源的光通量。光通量符号为 Φ，单位为 lm（流明）。例如一只 40 W 白炽灯的光通量为 350~470 lm，而一只 40 W 普通直管型荧光灯的光通量为 2800 lm 左右，为白炽灯的 6~8 倍。

光强度：光源向一定方向单位立体角内所发出的光通量。光源在不同的方向，其发光强度是不一样的。光强是光源本身所特有的属性，仅与方向有关，与到光源的距离无关。光强度符号为 I，单位为 cd（坎德拉）。

亮度：从某一方向看到物体反射光线的强度，也就是单位面积对某一方向反射的光之强度。亮度符号为 L，单位为 cd/m²。照度表示单位面积内入射光的量，而亮度则是表示眼睛从某一方向所看到物体的反射光的强度，照度一定时，物体的反射率越大，则亮度就越高。

照度：照度等于入射于被照物体单位面积内的光通量。它是客观存在的物理量，与被照物和人的感受无关，但它影响亮度的大小，从而间接地被人所感知。照度的符号为 E，单位为 lx（勒克斯）。

光效：光源所发出的总光通量与该光源所消耗的电功率（瓦）的比值。光效单位是 lm/W（流明／瓦）。比如白炽灯光效为 18 lm/W，荧光灯为 53 lm/W，金卤灯为 56 lm/W。

色温：光源发射光的颜色与黑体在某一温度下辐射的光色相同时，黑体的温度称为该光源的色温（黑体：对各种波长的电磁辐射的吸收系数恒等于 1 的理想辐射体，黑体的温度和光色是一一对应的，在可见光范围内通常温度越低，越偏向红色，温度越高，越偏向蓝白色，成语"炉火纯青"其实就是指的炉火温度）。光源色温不同，光色也不同，通常色温在 3300 K 以下有稳重的气氛，给人温暖的感觉；色温在 3000~5000 K 为中间色温，有爽快的感觉；色温在 5000 K 以上则有冷的感觉。

显色性：我们把光源对物体真实颜色的呈现程度称为光源的显色性。为了对光源的显色性进行定量的评价，引入显色指数的概念。以标准光源（太阳光、白炽灯）为准，将其显色指数定为 100，其余光源的显色指数均低于

100。显色指数用 Ra 表示，Ra 值越大，光源的显色性越好。太阳光和白炽灯均辐射连续光谱，在可见光的波长 380~760 nm 范围内，包含着红、橙、黄、绿、青、蓝、紫等各种色光。物体在太阳光和白炽灯的照射下，显示出它的真实颜色，但当物体在非连续光谱的气体放电灯的照射下，颜色就会有不同程度的失真。

光谱：光线依波长大小顺序的分布称为光谱。每种光源都可以依其波长组成而在光谱图上显示出其光谱能量分布图。太阳光及白炽灯泡的光谱能量分布为连续曲线，而一般放电灯的光谱能量分布为非连续曲线。

光度配光曲线：指在一平面上以一电灯或灯具之光源中心利用极坐标方式绘出光度变化情形之曲线。

○ 11.4.2 电光源

现代的光源通常都是由电能驱动，因此设计师掌握电光源非常重要。

根据发光原理，电光源分为热辐射光源、固体发光光源和气体发光光源。

热辐射光源就是白炽灯，其中又包含了真空白炽灯、充气白炽灯和卤钨灯。普通白炽灯能耗高、效率低，已趋于淘汰；而卤钨灯因体积小、构造简单、价格低廉、驱动简单，以及其光线的穿透性好和显色性高等方面的优点，在交通工具照明和摄影等方面都还得到了广泛的应用。

气体光源种类较多，最突出的是低压气体灯当中的荧光灯，以及高压汞灯、高压钠灯和金属卤化物灯。荧光灯相对白炽灯而言更节能，然而具有价格高、构造复杂、驱动复杂、环保性差等原因已经逐步在淘汰；高气压灯除了在特殊场合应用外，也在逐步淘汰中。还有一种类型的气体发光光源是辉光效应灯，通常用作霓虹灯等。

第三种光源是固体发光光源，其中包含了场致发光光源和我们前面提到的发光二极管（LED）光源。发光二极管的优点和原理我们不用赘述，已经成为当下电光源的主流。

11.4.3 照明设计

照明设计首先要符合照明质量。照明质量包含照度等级、亮度分布、眩光的限制、光的方向与立体感、色彩与显色性等因素。

一、照度等级

照度等级影响了视觉工作的质量和安全性，对于各种场所或活动形式的推荐照度值如表 11-2：

表 11-2 推荐照度值

推荐照度 (lx)	场所或活动
20	户外和工作区域
50	通行区域，简单定向或短暂停留
150	不连续用于工作目的的房间
300	视觉简单的作业
500	一般视觉作业
750	对视觉有要求的作业
1000	有困难的视觉要求的作业
1500	有特殊的视觉要求的作业
2000	非常精确的视觉作业

二、亮度分布

亮度分布是针对整个照明环境来进行评估的，不合理的亮度分布会让使用者感到迷惑甚至带来危险（眼睛的适应性有限）。然而亮度分布并不是说均匀地让整个空间都"亮堂"就是好的，通常需要兼顾到使用习惯和美学要求，这就好比绘图、拍照的构图一样，明暗得当，主次分明才会有好的效果（图 11-19）。

三、眩光的限制

眩光也是来自用户的体验，通常是负面的不良体验，因此要对眩光进行限制。眩光主要来自不合理的照明设计，

图 11-19 环境照明亮度分布
亮度分布不一定是一个固定的设置，可以根据不同的应用来进行调整，但总的来讲一定是要适应当下的使用情况。

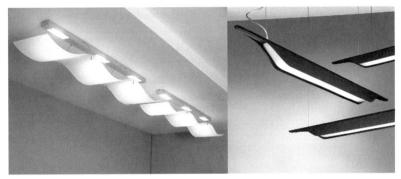

图 11-20 灯具的防眩光设计
防眩光的目的在于不要让集中的强光直接进入人眼，因此从设计学的角度来看解决的方法其实很多，这些方法都可以完美地应用到灯具设计当中去，这是将严肃的工程问题转化为巧妙解决方案的能力。

图 11-21 光效艺术
通过遮挡、折射、反射、透镜效应、光传导介质的选择、色彩变化、智能控制等方式来获得各种艺术效果。

比如摆放不合理的显示器会让日照或灯光反射到人眼，除了让人感到不舒服外，明亮的光斑还会影响人眼的视觉分辨能力。限制眩光，通常要设计灯具的保护角（比如槽灯、筒灯），不让光源直接进入人眼视野；其次要设计灯具合理的安装高度和安装位置，同样是为了不让光源直接进入人眼视野；第三就是降低工作面的表面反射率，比如机床表面处理一定不应该是亮光漆。

从眩光限制和亮度分布的角度，把灯具按光通量在上下空间分布的比例分为直接型、半直接型、全漫射型（包括水平方向光线很少的直接－间接型）、半间接型和间接型（图 11-20）。

四、防触电保护

为了电器安全，灯具所有带电部分必须采用绝缘材料等加以隔离。灯具的这种保护人身安全的措施称为防触电保护。根据防触电保护方式，灯具可分为 0，Ⅰ，Ⅱ 和 Ⅲ 这 4 类。从电气安全角度看，0 类灯具的安全程度最低，Ⅰ、Ⅱ 类较高，Ⅲ 类最高。有些国家已不允许生产 0 类灯具，中国尚无此规定。在照明设计时，应综合考虑使用场所的环境操作对象、安装和使用位置等因素，设计合适类别的灯具。

五、光效艺术设计

直接来自光源的光线是不足以满足现代家居环境的要求的，通常需要对其进行艺术加工，其原理是通过各种光学物理现象来对光线进行变换、调节等各种处理，以期满足用户的需求和设计师的创作所想（图 11-21）。光效艺术需要创新性的实验和丰富的经验来支撑，并不能一蹴而就。

11.5 电子产品、电气设备安全性与电绝缘设计

电气设备是在电力系统中对发电机、变压器、电力线路、断路器等设备的统称。电子产品、家用电器等用电器是在电力系统基础之上的更加广泛应用的"设备"，它们有的短时运行，也有的是常年运行。无论是哪种工作制的电气设备，一旦发生事故都会造成很大损失。

○ 11.5.1 电子产品、电气设备的安全性

设备事故按发生灾害的形式，可以分为人身事故、设备事故、电气火灾和爆炸事故等；按发生事故时的电路状况，可以分为短路事故、断线事故、接地事故、漏电事故等；按事故的严重性，可以分为特大型事故、重大事故、一般事故等；按伤害的程度，可以分为死亡、重伤、轻伤三种。

按事故的基本原因，则可分为以下几类：

1. 触电事故。人身触及带电体（或过分接近高压带电体）时，由于电流流过人体而造成的人身伤害事故。触电事故是由于电流能量施于人体而造成的。

2. 雷电和静电事故。局部范围内暂时失去平衡的正、负电荷，在一定条件下将电荷的能量释放出来，对人体造成的伤害或引发的其他事故。雷击常可摧毁建筑物，伤及人、畜，还可能引起火灾；静电放电的最大威胁是引起火灾或爆炸事故，也可能造成对人体的伤害。

3. 射频伤害。电磁场的能量对人体造成的伤害，即电磁场伤害。在高频电磁场的作用下，人体因吸收辐射能量，各组织器官会受到不同程度的伤害，从而引起各种疾病。除高频电磁场外，超高压的高强度工频电磁场也会对人体造成一定程度的伤害。

4. 电路故障。电能在传递、分配、转换过程中，由于失去控制而造成的事故。线路和设备故障不但威胁人身安全，而且会严重损坏设备。

以上四种电气事故，以触电事故最为常见。但无论哪种事故，都是由于各种类型的电流、电荷、电磁场的能量不适当释放或转移而造成的。

○ 11.5.2 电气设备的绝缘设计

电气设备必须在长年使用中保持高度的可靠性，为此必须对设备按设计的规格进行各种试验。在制造厂有对所用的原材料的试验、制造过程中的中间试验、产品的定型及出厂试验；在使用场合有安装后的交接试验、使用中为维护运行安全而进行的绝缘预防性试验等（图11-22）。

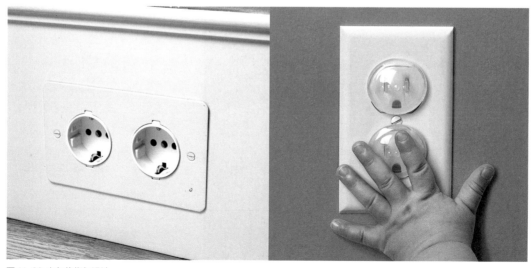

图 11-22 电气绝缘与设计
产品的电气绝缘放到极高的高度去看待都不为过，这是安全的大事。通过一些有效的手段可以让绝缘安全问题成为下意识就解决的问题，"防呆"细节就是这样，图中的电器插座，如果不是通过暴力破坏，在正常使用的条件下要出现安全问题的可能性非常低。

图 11-23 电子产品内部的绝缘设计
内部结构的绝缘设计非常重要，以避免高压下电路板的"爬电"现象以及向金属结构漏电的可能。在对要求非常高的场合，通过灌注绝缘胶来做绝缘和防潮是非常好的手段，然而缺点是环保方面非常差，难以回收。

通过试验，掌握电气设备绝缘的情况，可保证产品质量或及早发现其缺陷，从而进行相应的维护与检修，以保证设备的正常运行。

电气设备的绝缘缺陷有一些是制造时潜伏下的，另一些则是在运行中在外界作用的影响下发展起来的（图 11-23）。外界作用有工作电压、过电压、大气影响（如潮湿等）、机械力、热、化学等方面，当然这些外界作用的影响程度还和制造质量有关。目前还不能做到使电气设备的绝缘在运行中不发生明显的劣化，所以在电力系统中经常进行预防性试验，及时发现缺陷并进行维修，可减少许多事故的发生。

11.6 产品防水、防尘性能

电子产品、电器、电气设备的防水级别同时也反映了产品防潮和防尘的能力，特别针对野外高温高湿或多沙尘的恶劣环境，产品的密封和防水能力对保证产品的安全运转和使用寿命至关重要。针对电子产品的防水性能，国际上相有关的 IEC529 标准。

日本工业标准中将电子仪器的防水保护分为 10 个等级，分别以 IPX1、IPX2……表示，内容如表 11-3。

表 11-3 日本电子仪器 JIS 防水等级

等级	性能	评判标准
0	无保护	
1	防滴 I 型	垂直落下的水滴无有害的影响
2	防滴 II 型	与垂直方向成 15° 范围内落下的水滴无有害的影响
3	防雨型	与垂直方向成 60° 范围内降雨无有害的影响
4	防溅型	受任意方向的水飞溅无有害的影响
5	防喷射型	任意方向直接受到水的喷射无有害的影响
6	耐水型	任意方向直接受到水的喷射也不会进入内部
7	防浸型	在规定的条件下即使浸在水中也不会进入内部
8	水中型	长时间浸没在一定压力的水中照样能使用
9	防湿型	在相对湿度大于 90 % 以上的湿气中照样能使用

国际工业标准防水等级 IP 和日本工业标准的 JIS 防水等级是接近的，分 0~8 的 9 级，IP 等级同样对防尘做了规定。

IP 等级用 IPXX 的形式表示。

第一个 X 是防尘等级（共 6 级），0 代表没有保护，1 代表防止大的固体侵入，2 代表防止中等大小的固体侵入（手指不可进入），3 代表防止小固体进入侵入，4 代表防止物体直径大于 1 mm 的固体进入，5 代表防止有害的粉尘堆积，6 代表完全防止粉尘进入；

第二个 X 是防水等级（共 8 级），标准及测试方法如表 11-4：

表 11-4 国际电子仪器 IP 防水等级

等级	测试方法	测试设备	持续时间
IPX 1	垂直滴水试验	滴水试验装置	10 min
IPX 2	倾斜 15° 滴水试验	滴水试验装置	10 min
IPX 3	淋水试验	摆管式淋水溅水试验装置	10 min
	喷头式淋水试验	手持式淋水溅水试验装置	按被检样品外壳表面积计算，每平方米为 1 min（不包括安装面积），最少 5 min
IPX 4	溅水试验	摆管式溅水试验	10 min
	喷头式溅水试验	手持式淋水溅水试验装置	按被检样品外壳表面积计算，每平方米为 1 min（不包括安装面积），最少 5 min
IPX 5	喷水试验	喷水口内径为 6.3 mm，水流量为 12.5 L/min	按被检样品外壳表面积计算，每平方米为 1 min（不包括安装面积），最少 3 min
IPX 6	强烈喷水试验	喷水口内径为 12.5 mm，水流量为 100 L/min	按被检样品外壳表面积计算，每平方米为 1 min（不包括安装面积），最少 3 min
IPX 7	短时间浸水试验	浸水箱	30 min
IPX 8	持续潜水试验	由供需双方商定，其严酷程度应比 IPX 7 高	

11.7 产品电磁兼容性

前面提到，产品的电磁兼容性是产品认证的主要内容之一。我们接下来探讨一下产品的电磁兼容性设计的问题。

○ 11.7.1 电磁辐射

电磁辐射本质上就是电磁波，是由同相振荡且互相垂直的电场与磁场在空间中以波的形式移动并传播，电磁辐射从低频率到高频率分类，包括了无线电波、微波、红外线、可见光、紫外线、X 射线、伽马射线等。X 射线、伽马射线能量很高，因此将它们划归为电离辐射。电磁频谱中射频部分的一般定义，是指频率约由 3 kHz 至 300 GHz 的辐射。有些电磁辐射对人体有一定的影响。

大功率的电磁辐射源包括雷达系统、广播发射系统、电加工设备、射频感应及介质加热设备、通信发射台站、卫星地球通信站、大型电力发电站、输变电设备、高压及超高压输电线、地铁列车及电气火车，中小功率的电磁辐射源包括电视、手机、射频及微波医疗设备、大多数家用电器等。辐射源都是可以产生各种形式、不同频率、不同强度的电磁辐射。

电磁辐射所衍生的能量，取决于电磁波频率的高低，频率越高则其能量越大。频率极高的 X 光和伽马射线可产生较大的能量，能够伤害人体组织。

○ 11.7.2 电磁干扰

电磁干扰（Electromagnetic Interference，EMI），是干扰电缆信号并降低信号完好性的电子噪声，EMI 通常由电磁辐射发生源产生。设备受到干扰后性能降低甚至完全不能工作，比如早期机动车点火系统对无线电设备的干扰，雷电对电力传送和通信的干扰等，都属于电磁干扰的范畴。

通常 EMI 检测是对干扰源的监测，也包括受到干扰之前的电磁能量监测。EMI 标准和 EMI 检测是确定所处理的电的状态，决定如何检测，如何评价。

○ 11.7.3 电磁兼容性

电磁兼容性（Electromagnetic Compatibility，EMC），国家标准 GB/T 4365—2003《电工术语－电磁兼容》定义为：设备或系统在其电磁环境中能正常工作且不对该环境中任何事物构成不能承受的电磁骚扰的能力。因此，EMC 包括两个方面的要求，一方面是指设备在正常运行过程中对所在环境产生的电磁骚扰不能超过一定的限值，另一方面是指设备对所在环境中存在的电磁骚扰具有一定程度的抗扰度。

电子产品的电磁兼容性设计包括限制干扰源的电磁发射，控制电磁干扰的传播以及增强敏感产品的抗干扰能力，有电子电路设计方面的设计内容，也有整体布局等方面的内容，具体包括以下内容：

一、优化信号设计

传递信息的电信号会占用一定的带宽，为了尽量减小干扰，对有用信号必须规定最小占有带宽，因此必须优化信号波形。

二、完善电子线路设计

应设计和选用自身发射小、抗干扰能力强的电子线路和集成电路作为电子产品的单元电路。比如电子晶闸管和三极管，工作时均产生电流脉冲，发射频潜很宽的电磁能量，因此必须采取相应的抑制措施；利用铁氧体磁环进行功率合成，可能由于磁饱和引起较严重的谐波失真，因此也要采取相应的抑制措施；功率放大器工作在推挽形式的乙类状态时，电路结构不对称就可能产生强的偶次谐波。

三、屏蔽

用屏蔽体将干扰源包封起来，可以防止干扰电磁场通过空间向外传播（图 11-24）。反之，用屏蔽体将感受器包封，就可使感受器免受外界空间电磁场的影响。屏蔽技术虽能有效地阻断近地感应和远场辐射等电磁干扰的传播通道，但是它有可能使产品的通风散热困难，维修不便，并导致重量、体积和成本的增加。所以设计人员需权衡利弊，采用合理的措施，以最佳效果、费用比来满足电磁兼容性要求。

四、滤波

滤波是一种补救措施，是借助抑制元件将有用信号频谱以外不希望通过的能量加以抑制。它既可以抑制干扰源的发射，又可以抑制干扰源频谱分量对敏感产品、电路或元件的影响。滤波虽能十分有效地抑制传导干扰，但制造大容量、宽频带的抗干扰滤波器的成本是昂贵的。

五、合理布局

合理布局包括产品内各单元之间的相对位置和电缆走线等，其基本原则是使感受器和干扰源尽可能远离，输入与输出端口妥善分割，高电频电缆及脉冲引线与低电频电缆分别铺设。通过合理布局能使相互干扰减小到最低程度而又费用不高。

需要说明的是以上电磁兼容性设计都是针对电子产品工作中产生的"无意干扰"的，至于对有特定目的的"有意干扰"，已属于电子对抗范畴，采取的措施不尽一致。

图 11-24 电子产品的屏蔽
通常是利用金属壳体来完成屏蔽，让射频电路的电磁波不泄露，也让其他电路不受周边的电磁干扰。

11.8 练习与实践

通常产品技术设计的内容是交给工程师去完成，设计师是做辅助性的工作和设计概念的沟通。然而我们一再强调设计概念和工程结构之间的顺利交接，那么设计师的工程知识一定程度上起到了决定性的作用。

本章节可以通过拆解成熟产品并建模的方式来学习结构设计，也可以将平时的外观设计案例进行初步的结构设计，在教师的辅导下完成样品制作并进行评价和改进。

第三种实践方式可以是利用工程知识来调动设计思维的方式来进行，比如围绕一个技术要求来进行发散，得到设计要点，转化为视觉化方案，然后进行评价。比如，让自己诠释什么是"音质"，如何理解音质，技术上如何达到良好的音质，技术上达到好的音质应该具备什么样的工程语言，好的音质应该具备什么样的外观条件和使用条件，相对应的外观应该呈现什么样的形式，等等。

一、设计实践：USB 周边小产品设计

USB 是英文 Universal Serial Bus 的缩写，中文含义是"通用串行总线"。USB 之所以能得到广泛支持和快速普及，是因为它具备下列的很多特点：

1. 使用方便。使用 USB 接口可以连接多个不同的设备，支持热插拔。在软件方面，为 USB 设计的驱动程序和应用软件可以自动启动，无需用户干预。

2. 速度加快。USB1.0 接口的最高传输率目前可达 12 Mb/s，比串口快了整整 100 倍，比并口也快了十多倍。

3. 连接灵活。USB 接口支持多个不同设备的串列连接，一个 USB 口理论上可以连接 127 个 USB 设备。连接的方式也十分灵活，既可以使用串行连接，也可以使用中枢转接头（Hub）把多个设备连接在一起，再同 PC 机的 USB 接口相接。在 USB 方式下，所有的外设都在机箱外连接，不必打开机箱；允许外设热插拔，而不必关闭主机电源。USB 采用"级联"方式，即每个 USB 设备用一个 USB 插头连接到一个外设的 USB 插座上，而其本身又提供一个 USB 插座供下一个 USB 外设连接用。

4. 独立供电。普遍使用串口、并口的设备都需要单独的供电系统，而 USB 设备则不需要，因为 USB 接口提供了内置电源。USB 电源能向低压设备提供 5V 的电源，因此新的设备就不需要专门的交流电源了。

5. 支持多媒体：USB 提供了对电话的两路数据支持，USB 可支持异步以及等时数据传输，使电话可与 PC 集成，共享语音邮件及其他特性。

6. 存在的问题：尽管在理论上 USB 可以实现高达 127 个设备的串列连接，但是在实际应用中，也许串联 3 到 4 个设备就可能导致一些设备失效。而且大多数 USB 产品，只有一个输入口，根本无法再连接下一个 USB 设备。另外，尽管 USB 本身可以提供 500 mA 的电流，但一旦碰到高电耗的设备，就会导致供电不足。

二、USB 周边小产品设计要点

在本实践课题中，主要是应用到了 USB 端口可以提供的电源系统，其相关的通信功能不在此课题之内。

在电脑启动后，通过电脑主板调控后向 USB 端口提供电源；或者由标准 USB 电源、移动电源等产生 5v 直流电压。根据此电压选择相应的做功元件，比如选择与之匹配的小电动机、发光二极管、电热器件等。此外注意该产品的总功率不能够超出 USB 端口的承载能力。

通过搜集并归纳使用电脑过程中出现的一些潜在需求，特别是周边小产品，提出 USB 电源供电小电器的解决方案。LED 台灯、电热鼠标、风冷鼠标、风扇、电热咖啡保温垫等可以作为参考。

USB 插口相关参数：输出电压，5 V；最大输出电流，500 mA；最大负载功率，2.5 W。

插口引线对应功能：

1. VCC+：5vDC（电源正极，红线）；

2. D-：Data-（数据 -，白线）；

3. D+：Data+（数据 +，绿线）；

4. GND：Ground（地，黑线）；

如在设计过程中对各脚功能不明，可用电压表测量，或在教师指导下进行。

12

自动化产品和智能硬件

产品的功能是由其自身的结构所决定的。要实现产品的复杂功能，就必须给它添加复杂的结构。

以汽车为例，零件数以万计，整个汽车就是一个复杂的大系统。不管机器怎么复杂，我们总能够拆分它、理解它，这是我们前面就知道的。然而汽车的发展却没有停留在"机器"这个阶段，现在的汽车结构越来越复杂，驾驶越来越方便，行驶越来越安全，这是跟技术的发展离不开的，今后的发展目标是能够完全实现自动化的驾驶。

12.1 "自动化"与"智能化"

"自动化"这个词诞生得比较早，而现阶段人们对"智能化"和"人工智能"则青睐有加。

自动化的需求来自早期人们对劳动机械的渴求，期望在不需要人工的干预下机器就能够自由、自主地完成某项生产工作，因此机器自身的"自律"显得尤为重要。比如早期的生产机械，它们在运行的过程中往往都离不开人，"人"虽然在机器的运行中占据了绝对的主导，但是这种随时需要人力介入的机器却没有完全起到取代人类劳动的作用。随着科技的发展，很多企业的生产车间已经基本上做到了"无人"化，貌似机器已经能够完全替代人去完成各种工作。这时候我们可以说机器或者生产设备实现了"自动化"。

对于民用产品也是如此，"自动化"意味着无需人工干预，意味着机器能够代替人类做一些既定的、重复的、花时间的工作，因此我们有必要了解"自动化"的原理和实现技术。

相对于"自动化"，"智能化"的要求显然要更高。当下很多企业已经能够初步实现汽车的"自动化"驾驶，能够在一些理想情况下让汽车完全脱离驾驶员的操控去实现运载功能，然而我们却不能说这些汽车已经真正"智能化"。智能化应该有一个技术或者哲学方面的门槛，我们首先应该了解人类自身的"智能"是怎么产生的。真正意义上的智能往往伴随着"自我"意识的觉醒，是建立在"本我"认知基础之上的思维活动。我认为我们现在还远远没有达到真正"智能化"的阶段，作为工程师和设计师，我们要中肯地评判当下"热门"的技术潮流，用来判断我们设计过程中的设计概念真正能够实现的概率大小。

以一个电视广告为例。有一个"智能"电视的广告，这台电视在广告画面中处在老板的身后，同时老板正在用激烈的言辞训导员工，其中有一句话"你们知不知道今天是几号了！"结果身后的电视机非常诡异地冒了一句"今天是某某年某某月某某日"……我感觉这位老板的汗毛已经要炸起来了。这台所谓的"智能"电视机，充其量只能叫作"声控万年历兼办公电视"，因为它在不合时宜的时候开启了语言识别，并且进行了回应。从这点来讲我们作为未来的专业设计师，应当对技术了解得非常准确，哪怕我们今后不会去做一个程序工程师，也不应当把"语音控制""线路规划""人脸识别"等技术就当作是"智能"。

12.2 机器的"感知"

人类能够认识这个世界，首先源于对个体外的信号做出感知，比如光线、声音和冷热变化等；人类能够了解自身的一些属性，也是源于对身体的感知，比如疼痛、饥饿、疲劳等。没有这些感知，人类将好比置身于黑暗，无法了解自己，无法认知同类，更无法发现和认识世界。我们常常说某些人很"聪明"，聪明即"耳聪目明"，也即是感官敏锐，甚至能够发现其他人所不能发现的信息。然而聪明并不能代表智慧，聪明是基础，智慧是大脑思维能力的反应，这二者不能混为一谈。

感知，对复杂功能的机器来讲也一样重要，机器要处理好内外的事物，同样需要感知机器内部和外部的相关信息。那么怎么让机器能够"感知"，这需要让机器能够识别各种信息转化而来的"信

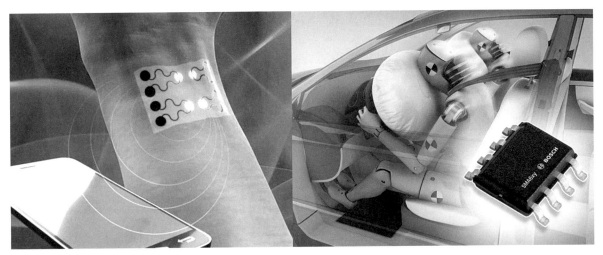

图 12-1 传感器
传感器的形式多种多样，可以是一个热敏电阻，也可以是一个复杂的芯片，甚至是一个机械装置。

号"（通常是电信号），这就要用到"传感器"。

传感器是能感受规定的被测量并按照一定的规律（数学函数法则）转换成可用信号的器件或装置，通常由敏感元件和转换元件组成。机器中传感器的存在，让机器有了触觉、味觉和嗅觉等"感官"，让机器"活"了起来（图 12-1）。

与人的感官相对应，传感器的视觉来自光敏传感器或图像传感器，听觉来自声敏传感器（比如话筒等），嗅觉来自气敏传感器，味觉来自化学传感器，触觉来自压敏传感器等，除此以外传感器还有很多远远超过人类感官的各种能力，比如对距离、位移、压力、温度、湿度、真空度、液位、物位、放射性、红外线、紫外线、流体、磁、酸、碱、盐、酶、蛋白质等诸多外界信息进行感知和转化的能力。

我们平常司空见惯的一些产品，比如打印机，仔细分析会发觉它是异常地"敏捷"。打印机知道纸槽里有没有纸；知道怎么把一张薄薄的纸吃进去，也知道怎么把它吐出来；知道吃进来的纸是 A4 幅面还是 A3 幅面，或是别的什么卡片；知道在纸的哪个地方喷上黑点，而在另外一个地方喷上红点；知道打完了一行就必须换行；它还知道什么时候有墨水，什么时候墨水已经用完了……然而打印机的价格并不高，在一般家庭和办公室都能承受的范围以内。这一方面归功于自动化技术的发展，另一方面归功于产品的设计。

要通过设计使产品聪明伶俐，就必须给产品加上传感器。有了传感器，加上微型电脑、适当的程序和执行机构，产品就会变得聪明起来。传感器好比产品的鼻子、眼睛和耳朵，能够输入各种外界信息，使得机器做出反应，完成操作。

12.3 机器的"思考"与执行

机器的智慧不在于机器本身，而在于设计机器的人。如何去实现复杂机器的复杂功能，需要给机器一个聪明的大脑和一整套的感知器官，这就需要我们把这些感知器官通过机器的大脑有机地组合在一起，让机器学会"思考"，学会"判断"。因此光有传感器还不行，还需要有能够处理传感器信号的装置和方法。

实现思考和判断的方法在于对逻辑运算的实施和指令程序的编写。

比如我们要设计一个能够自动清扫房间的吸尘器，就必须通过某种方式去告诉机器怎么去完成整个操作。在吸尘器工作的过程中，它必须知道哪里有墙壁，哪里有椅子脚，完成这个感知的

图12-2 机器的自主执行
通过各种传感器和内部程序的算法，机器人会自动根据环境进行工作，整个过程不需要人为的干预，这实现了一定程度上的"智能"。

传感器可能是超声波距离探测头、光敏元件或是碰撞传感器。该吸尘器还必须知道哪里有垃圾，判断是大块垃圾还是小块垃圾，知道垃圾收集满后去哪里倾倒……所有的这一切外界信息都必须依靠传感器来告知吸尘器并进行合适的处理（图12-2）。

曾经有个绿色设计的课题，是把居民自来水流动的动力用来发电给楼道照明，这个想法非常好。然而实施中遇到了一些问题，如果不分青红皂白就把所有流动的水都拿来发电，那么水的动力必然减少，低楼层的居民也许问题不大，而高楼层的居民可能就要面临断水的困境，因为水的能量都用来给楼道照明了。解决这个问题的关键就是引入传感器和执行机构，比如在水流动的过程中检测水的流速或水压，一旦达到某个值就启动发电系统，否则就关闭。这样，低层的居民不会因为水压太高而水花飞溅，白白浪费了能量，高层的居民也不会因为发电设备的存在而影响了用水质量。

在这里，认知传感器和自动化控制拓展了产品设计的空间，增加了产品实现的可能性。

12.4 机器与人的交互

机器不会是一个封闭的系统，通常会和人进行一些"交流"，毕竟人才是机器的真正主人。人与机器的交流，可以通过各种输入设备来进行，同时把交流结果和机器的执行结果通过声光电信号反映出来，交流的结果反馈甚至可以是图形化的信息。有信息的交流，有动作的执行和结果反馈，这个过程就叫作"交互"。

现阶段高阶的交互是发生在诸如手机等终端设备上，通过应用程序和人机交互界面来实施对机器的感知和控制。

设计师在人机交互这个层面上可以进行的设计内容很多，可以是图形界面的外观、层级菜单的显现方式、指令控制的逻辑顺序以及反馈信息的内容和方式等。在这个基础上诞生了"交互设计"这个专业方向，将交互定义为两个或多个互动的个体之间交流的内容和结构，使之互相配合，共同达成某种目的的过程。因此突出"互动性"是人与机器交流的重点，在这里，机器是复杂的机器，在执行复杂任务的过程中将任务的过程和结果实时地和人进行沟通，机器和人共同去完成这个任务。当然交互不一定只是发生在人和机器层面，有些时候人们只需要得到文字或图形信息，并不一定需要一个实实在在的动作去执行任务，因此这时候的交互可以理解为人和程序之间构建的一个信息通道，这个程序"机器"仅仅是用于处理信息而已（图12-3）。

图 12-3 人机交互
人机交互很多时候体现在层级菜单和图形界面的使用方面，然而就深层次来讲，人机交互是人和机器就完成某个任务而共同实施的诸多操作。

12.5 智能硬件

通常从设计师的视野来看，很多涉及到技术细节的内容都已经是非常成熟了，我们的工作性质决定了不是诸事都要从科学研究来开始进行工作。因此，对于现有技术的应用其实是我们工作的重点。智能硬件的出现便是这样的一个机遇，它能够将繁重的基础研究工作和研究结果直接通过合理的、简化的手段进行应用。

图 12-4 物联网
"万物均可互联"，物联网即是建立在智能硬件的基础之上的技术构架，是产品"智能化"的深层次应用。

    智能硬件是继智能手机之后的一个概念，它是通过软硬件结合的方式，对传统设备进行再造，进而让其拥有"智能化"的功能。智能化再造之后，硬件（或产品）具备通信连接的能力，能够实现互联网服务的加载，形成"云 + 端"的典型架构，具备了大数据应用等方面附加价值。智能硬件的应用对象可以是普通电子设备，比如手表、电视和空调，也可能是以前没有电子化的设备，例如门锁、茶杯、汽车甚至房屋，到目前为止已发展出从可穿戴设备延伸到智能电视、智能家居、智能汽车、医疗健康、智能玩具、智能机器人等领域（图 12-4）。

    智能硬件的"智能"来源于其复杂功能是基于微电脑和应用程序的导入，可以说这样的一个小设备就是一台小电脑或者叫作智能终端，它可以通过程序的写入对其工作方式和过程进行更新换代，同时可以让设备"互联化"，此外智能硬件能让我们的生活实现"物联化"，家中的所有电气设备都能够统一协调被用户控制和使用，让生活更加丰富多彩和更加便捷。因此智能硬件是否真的"智能"取决于硬件自身的技术细节，也取决于先进的程序，让我们拭目以待，期望真正具有智能的产品出现在我们身边。

12.6 练习与实践

    我们知道传感器的实现方式有很多。传感器可以是某个电气开关，当机器运行到该电气开关所在位置时，触动此开关，则产生一个动作，如停机或者返回。再比如防盗报警器的传感器，可以是一根非常细小的导线，当闯入发生时，该导线被折断，与该导线连接的电路将产生相应的动作，如报警。

    巧妙地选择传感器来实现复杂产品的复杂功能，就可以给产品的实现方式多一条通路，设计师就能从源头开始掌控产品设计的话语权，主导产品的设计。

    如果条件允许，可以开展一些机器人的设计和制作，也可以通过解析各种自动化产品来实现对自动化控制的学习。

第 13 章
工艺装备认知

现代工业生产体系是在工程化的基础上建立起来的体系，设计师要了解这个体系也必须构建出自己的知识体系。这是一切有关于东西怎么设计、怎么工程化、怎么生产出来、怎么去销售的问题。

我们一直在讲设计师是一个解决问题的职业，这就意味着我们首先要发现问题。要明白在工业生产这个体系中，哪些是通过自身的组织就能够解决的，比如采用合理的规章制度和合适的生产工艺；而哪些必须是通过改良或者说设计才能够达成的，比如提升生产效率，提高生产质量等。同时，设计师所设计的东西、解决的问题，一定是要面向批量生产去考量，并不是"不惜一切代价"去搞出来，工业生产讲的是符合价值规律。

在设计师设计行为的过程中，必须有效梳理出我们能够去解决的问题的范畴，同时有效地发掘出解决问题的手段或者说解决问题的"手腕"，这是设计技巧和设计思维的应用，需要贯穿到我们的整个设计工作中去。

这个章节的内容就是探讨的工业生产和设计之间的关系，我们可以从本质上去找到我们需要构建的知识体系，去理解为什么要这么做，怎么做，让我们的思维起始在一个微妙的角度，可以以更巧妙的方式去解决问题，或者以更轻松的方式去解决问题。因此我们带着这个目标，先来探讨一下工业生产自己的知识和问题点。

13.1 现代工业生产解析

○ 13.1.1 手工业与现代工业

一提到手工业我们就想到传统，然后就想到某某"古法"、某某"手艺"、某某"非遗"。我这里没有低看它们的意思，但是必须指出的是，就之前讲到和我们今后要探讨的生产工艺问题，工艺的先进性是现代工业必须要强调了又强调的问题。如果我们一味强调"古法"，说不定我们还跟祖先一样生活在树上。"古法"貌似可以酿酒，但是绝不能"古法"造车，现代工业是讲究怎么先进怎么来，先进意味着高效率，意味着高品质，甚至意味着节约与环保。

手工业在我们国家源远流长，然而自古我们并没有一个特定的、明晰的工业产业，手工业基本上是源于农业生活，可以说是农副业性质的家庭作坊，规模小、产量小，依靠手工劳动和人力，因此也谈不上效率与财富。因为没有人去组织，没有上下游产业资源，个体手工业的特点是以一家一户为单位，使用私有的生产资料分散经营，一般不雇用工人或只雇用做辅助性工作的助手和学徒，并以本人的手工劳动为生活的主要来源，因此用现代的话来说是不成体系的。手工业制造的产品相对简单，工艺却相对繁琐，以大量的重复劳动和大量的劳动工时为代表。最后，手工业自身的辅助手段很少，越是"神秘"的手工业，越强调"手艺"，很少有人去琢磨提高劳动效率的手段和工具，动不动就要学艺几十年才能有所小成，这无疑就加速了手艺的消亡（图13-1）。从上面的分析来看，手工业越来越没落，甚至需要用"遗产"的形式保护起来，说明其在当今经济生活中的地位是不高的。当大家用笔记本电

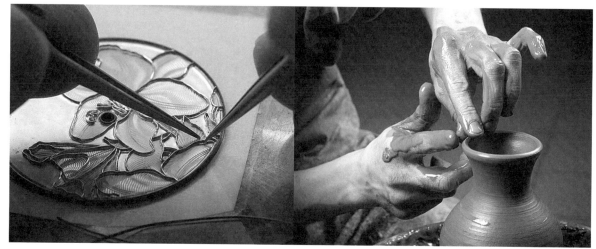

图 13-1 手工业
手工业往往被"技艺"所局限，因此常常在操作中"失之毫厘谬以千里"，通常来讲良品率不高，同时很难拿出一致性好和互换性高的产品。

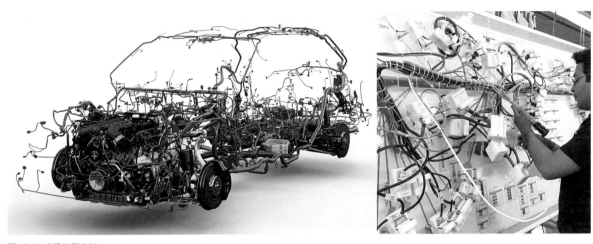

图 13-2 产品的复杂性
现代产品的复杂性决定了往往不是由一两个人头脑中的知识和经验就能够开展生产的，都是在严格的作业书指导下，在大量工具、装备的基础之上，依据科学的流程才能够完成生产的。

脑工作学习，用手机休闲玩乐的时候，我相信那时候绝对想不起"手艺"这个词。

与手工业比较，现代机械化大工业生产从生产方式、能源使用方式、物流和生产效率来看都有非常大的差别。

○ 13.1.2 现代工业生产的特点：复杂性

现代工业生产是建立在一整套体系基础之上的，一个产品投入生产，总要涉及各种生产资源，我们叫作配套体系或者供应链；同时还有相应的能源、物流体系，人力资源体系等。比如一个生产汽车的厂家，大量的生产组织工作其实是采购或者说是定制，而绝对不会是从种橡胶树、割胶开始，因为这种工作已经很有效地分配给了其他相关企业。而最终的汽车组装，只是整个产业中的一环而已（图 13-2）。一套系统能够有效、长期地运行下去，跟现代社会的发展是息息相关的，并不是一蹴而就的，也不是说脱离社会的一个人或者说三两个人就能搞定的，我们必须承认它的复杂性，要勇于面对。

产品的复杂性主要表现为零件、组件、部件的品种多样性和制作工艺的多样性。零件随其结构与性能要求不同，其加工工艺、生产流程各异。简单零件只需几道工序即可完工，而复杂零件则要在多种设备上，要经过十几，甚至几十道加工工序才能制作完成，同时要保证每道工序的质量。

按加工过程可将生产划分为零件生产、组件生产、部件生产和整机生产四个层次。

组件和部件统称为部件类，它们的区别主要体现在结构和功能的复杂性上。一般我们把结构简单地定义为组件，它们仅由若干个零件组成，可以具有基本的功能，也可以看作是一种功能的模块；而部件则由若干个组件和零件组装而成，功能更加复杂，通常把它作为整机的一个独立功能系统。整机是零件、组件、部件的组合体，构成整机的零件数量可以从一两个到数万甚至数十万，而组件、部件的多少则由产品本身的结构、性能决定。

当然也有人提出手工业也是非常复杂的，比如一个景泰蓝从掐丝到后面烧制成型，的确要经过很多步骤，另外手工雕刻、刺绣、累丝等工艺美术的作品也是如此。需要指出的是：首先，它们已经算不上现代工业生产了，甚至算不上手工业，工艺美术本身就不是广大群众日常所需；其次，它们的复杂，很多时候是体现在大量的重复手工劳动上的，至于最终作品的价格，一方面来自艺术的增值，另一方面是人工的价值，用现代价值理论来看，它们其实是劳动工时转换为商品价值的体现。我检索到有文献提到传统的陶瓷工艺有 72 道工序，我理解的是传统文化对72 这个数字的钟爱，其次就是大量的"工序"用在对原材料的处理和提纯上，其实真正的成型与烧制，只有寥寥几个步骤。

○ 13.1.3 现代工业生产的核心：效率和成本

我们提到的现代工业一定是建立在价值规律基础之上的市场行为，不是为了提供奢侈生活之用。合理的投入、合理的产出和合理的利润，才是现代工业生产追求的目标，而生产效率则是实现这一目标最核心的所在。

从生产效率来看，流水线的出现代表了机械化大工业生产的一次飞跃，而工业机器人的出现又推动工业生产上

图 13-3 流水线
流水线又称为装配线,流水线上每一个生产单位只专注处理某一个片段的工作。流水线从本质上解决了现代工业生产复杂性的问题,让每个工人只需要了解和处理自身技术范围以内的工作,同时大大减少了物流时间和成本,大大降低了单人多工序操作出错的可能性,因此大大提高了整个工业生产的效率。

了更高的台阶。

除了特定的工具、器具外,广义来讲,流水线、工业机器人这些和工业生产息息相关的、产品以外的辅助性的装备和设备,都可以叫作工艺装备。"工欲善其事必先利其器",有别于手工艺,现代工业的工艺装备代表了一种生产技术,一种技巧,一种提高生产效率的方法。脱离特种工艺装备的流水线是不可能实现的,从某种意义上来讲,越是高效的生产方式,其工艺装备越是复杂和多样(图 13-3)。

前面提到,产品的主要成本体现在工时上。除加工工时外,产品相关的工具、装具、胎具、卡具、模具等也是机械制造企业生产必不可少的,其中相当一部分由企业自己制作,也会消耗工时。可以看出产品加工的特点是能源、工装模具及劳动工时等的消耗大都在加工过程中伴随着设备的运行而产生。

设备按功能分为通用和专用两类,专用设备的种类、数量与质量由企业的专业化水平决定。工装、模具既不同于产品,又不同于材料。其制作过程与加工件类似,却又不是商品,完成加工后,它们作为劳动手段,伴随着设备的运行被磨损与消耗,其价值逐步转移到产品中去。工装模具中价值高者作为固定资产处理,其余作为低值易耗品。

由于工装、模具品种繁多、关系复杂,在手工操作条件下,很难按实际消耗量及成本向产品中分摊,故同样按加工工时平均分摊。

可见,设计师如果不了解工艺,不了解工艺装备和设备,那么其设计的产品和生产成本之间的关系会产生很大的矛盾。

13.2 工艺装备

工艺装备(以下简称工装)指制造过程中所用的各种工具的总称,包括刀具、夹具、模具、量具、检具、辅具、钳工工具、工位器具等,一般情况是指企业自制的非标准化的工具等(图 13-4)。

○ 13.2.1 认识工装

民间其实有很多工装实际应用的例子。

图 13-4 生产线工位
专用的吊装辅具(黄色)、专用的部件台架、专用的工作平台以及平台周边的工具收放装置,都彰显了现代工厂的先进性。

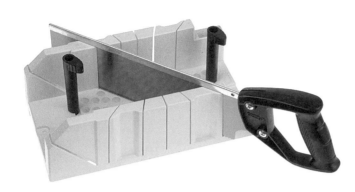

图 13-5 商品斜角锯工具
锯和锯槽配合能够完美地切割出标准的角度，这比纯粹的手工操作更加轻松快捷。这是将锯切角度规范化了之后形成的专业工具，通过商品化售卖延伸其生命力。

比如一个木工要加工一批木材，木材的端面要加工成 45° 的角，这种情况下木工是不会用量角器在每块木板上标记并画 45° 角的加工线，然后再进行加工。画线会耗费大量工时，而且并不能保证每个画线的质量。

在之前，木工通常会在工作台上设计制作一个简易装置，这个装置就是一个固定在台面上的木块，木块上和加工基准端成 45° 角开一个槽。加工木材的时候，只要把被加工的木材和该工装的基准端靠齐，把锯子放入这个槽中进行锯切，就能比较标准地制作出 45° 端面的材料。这个木块就是一个辅助加工工具，大大提高了生产效率，这便是一种工装（图 13-5）。

再比如，木工若要加工一大批木板，木板的某个地方要钻一个孔，同样地，木工也许根本就不用每块木板都去测量并找到这个孔的位置进行钻削。通常木工会准备一个木板，在这个木板上合适的位置钻一个孔，然后把这个有孔的木板放置在被加工的木板上，两端对齐作为定位基准，麻花钻插入这个孔进行钻削。通过这个孔即可以比较准确和方便地在木板上加工出一批同样位置、同样大小的孔。

在这里，这个木板也就是一个工装了。工业生产工装的原理和这个类似，无非加工精度要高些，工装的材料要好些，使用更方便些（图 13-6）。

古时的铸币技术，一开始一个模具只能浇铸一个钱币，生产效率低下。后来，改进了浇铸的流道和浇口系统，这样一个模具可以生产数个钱币，使得生产效率成倍提高。这就是工艺装备对生产效率影响的直接体现。

○ 13.2.2 工装的分类

工装按照其使用范围，可分为通用和专用两种。

通用工装适用于各种产品，如常用刀具、量具。

专用工装，即仅适用于某种产品、某个零部件、某道工序的，属专用资产，且大多单件金额较高，符合固定资产的定义和确认条件。专用的工装由企业自己设计和制造，而通用工装则由专业厂制造。通用工装的功能、用途很

图 13-6 家具隔板孔加工工具
以一定间距（如板式家具的 32 mm 标准）来加工孔，带孔模板配合定心套筒钻，可以非常方便、快捷地完成批量打孔作业。

图 13-7 专用刃具和通用刃具
铣刀通常按照加工的路径来完成
铣削作业，路径不同则加工出来
的形状也不同，因此常见的铣刀
是通用刃具。而丝锥加工螺纹靠
的是丝锥自身螺纹形状的刃口，
一把丝锥只能加工一种规格的螺
纹，因此是专用刃具。

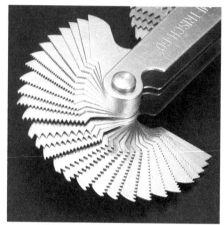

图 13-8 专用量具
塞尺和螺纹规都是专用量具，前
者用于测定机械装配间隙或用于
检测一些细缝具体尺寸，后者用
于检测螺纹规格。间隙和螺纹规
格都可以通过游标卡尺等通用工
具来间接测量，但无疑专用量具
是最方便最准确的。

图 13-9 通用工具和专用工具
通用工具给工业带来便利，也给
设计带来便利，这是标准化和系
列化的体现。然而现在的制造行
业千差万别，新产品和新工艺层
出不穷，因此专用工具也是必不
可少的。

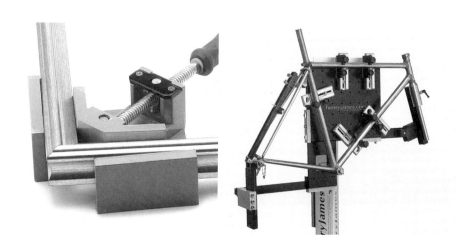

图 13-10 专用夹具
工业生产中的夹具基本上都是唯
一的，它必须针对某款商品的某
一个规格的零件进行设计，因此
夹具设计本身就是工装设计的核
心内容之一。

广，门类很多，大体上可分为刀具（刃具）（图 13-7）、量具（图 13-8）、工具（图 13-9）、夹具（机械加工夹具、焊接夹具、装配夹具、检验夹具）（图 13-10）等。

○ 13.2.3 工装在工业生产中的作用和意义

一、工装是保证产品质量的充分条件之一

和手工艺比较，手工作坊代表着简陋和不确定性，产品的质量仅仅取决于从业者的技术水平和职业素养，甚至取决于从业者做工时的生理、心理状态。工装可以减轻劳动者的劳动负担，减少工序对从业者技术水平的要求，延伸从业者的操控范围，减少从业者无谓的操作动作……这一切都可以大幅度提高产品的质量。

二、工装是保证产品一致性的重要保障

在工业生产的字典中，没有"些许""若干""适当""少许"这样的字眼，工业生产就代表着良好的一致性、互换性，代表着标准化和通用化，而这一切全是靠工装去实现的。我们走遍 100 个川菜馆子，很难吃到味道一模一样的回锅肉或鱼香肉丝，然而我们买到的所有的 USB 充电器，都能够给我们提供标准的 5 V 电压，这就代表着产品的一致性，它对我们现代人来讲，基本上是对产品的一个默认的要求了。

三、工装是提高生产效率的"秘密武器"

虽然人力资源、团队精神等也是企业提高生产效率的重要手段，然而就本质来讲，去掉人的因素，提高生产效率最主要的因素还是工装。做工全凭一双手，物流全靠走……这些讲的是小手工作坊，现代的工厂里面，工人是被工装武装起来的现代从业者，甚至是懂得智能设备的操作者。

四、工装是保证生产安全的必要手段

有很多工装看似减轻了劳动者的工作量，换个角度理解其实也是降低工人的疲劳感，让工人在操作的过程中不会因为误操作而造成事故。当然也有专门提供劳动保护的设施设备（广义的工装）（图 13-11），它们的存在可以完全杜绝误操作带来的生产事故。减少事故的发生，事实上也是提高了生产效率。

五、工装是工人协同工作、工厂有序生产的必要保证

我们知道现代工人和手工业从业者的区别在于现代工人是分工协作、有组织有纪律的团队，整个机械化生产作业环环相扣，某个环节出了问题，整个生产过程都可能停摆。在现代化的生产线上，我们依靠生产线自身的设计与调试让各个岗位的工人都能够胜任这个工序的工作，而不仅仅是驱使他们做超过自身能力的事情，因此生产线这个最大的工装就是工厂有序生产的坚强后盾。

六、工装是生产企业以技术为先，践行工匠精神的体现

我们讲工匠精神绝不是提倡凭空的"手艺"，工匠是和技法、工具挂钩的，工匠精神不是虚无的、唯心的。我们不需要所有的技工都能够掌握"斧头剥鸡蛋""挖掘机开啤酒"这样的绝活儿，就好像战场上不是所有的战士都必须是狙击手一样，毕竟人力资源是最贵的。我们只需要合理的技术水平、合理的培训时间就可以了。

图 13-11 生产用的吊装与托举工装
吊装设备甚至是先进的外骨骼助力装置，让工人在操作的过程中能够减轻劳动强度、提升劳动效率，同时也降低了安全事故发生的概率。

工厂生产过程所用到的工装，很多时候都需要自己去设计、制作和调试，这个过程仍然是技术实力的体现，也就是说你必须有能力搞定自己的工具，才能够接单"抗活儿"。好的企业会有几十年甚至上百年的技术积淀，新兴的产业可能会采用各种经济手段去外包自己的产品制造，然而不论怎样发展，终归到了生产制造这一步，还是需要一整套工装的研发能力。（参见苹果公司、谷歌公司和华为公司的"造车"运动。）

○ 13.2.4 工装的发展与展望

我们提到了工装不仅仅是工具、检具这些小型装备，同时还包括了生产线等的大设备。生产线的发展也是跟时代的发展并行的，特别是电子科技和计算机应用的发展，让制造企业的生产线也获得了新的生命和活力。生产线和生产方式的发展有如下几个方面。

一、柔性生产线

柔性生产线是把多台可以调整技术参数的机床联结起来组成的生产线。它配以自动运送装置，依靠计算机进行管理，在软件的协调下将多种生产模式进行融合，从而能够适应多种规格、品种的产品生产，以此减少生产线的投入，降低生产成本。

随着社会的发展，人们对产品的功能与质量的要求越来越高，产品的复杂程度也随之增高，同时产品更新换代的周期越来越短，因此产品呈现出多品种、小批量的局面，这使得传统固定生产线的大批量生产方式受到了挑战。这种挑战不仅对中小企业构成了威胁，而且也困扰着大中型企业。因为在固定生产线模式下的大批量生产，"柔性"和生产率是相互矛盾的。长期以来，只有品种单一、批量大、设备专用、工艺稳定、效率高，才能实现规模经济效益；反之，多品种、小批量生产的情况下，设备的专用性低，在加工形式相似的情况下，频繁地调整工夹具，工艺稳定难度增大，生产效率势必受到影响。为了同时提高制造工业的柔性和生产效率，使之在保证产品质量的前提下，缩短产品生产周期，降低产品成本，最终使中小批量生产能与大批量生产抗衡，柔性自动化系统便应运而生（图13-12）。

柔性生产线是一种技术复杂、高度自动化的系统，它将微电子学、计算机和系统工程等技术有机地结合起来，理想和圆满地解决了机械制造高自动化与高柔性化之间的矛盾。具体优点如下：

1. 设备利用率高。一组机床编入柔性生产线后，产量比这组机床在分散单机作业时的产量提高数倍；

2. 产品质量高。零件在加工过程中，装卸一次完成，加工精度高，加工形式稳定；

3. 生产能力相对稳定。自动加工系统由一台或多台机床组成，发生故障时，有降级运转的能力，物料传送系统也有自行绕过故障机床的能力；

图 13-12 柔性生产线
自从 1954 年美国麻省理工学院第一台数字控制铣床诞生后，到 20 世纪 70 年代初，柔性自动化进入了生产实用阶段。几十年来，从单台数控机床的应用逐渐发展到加工中心、柔性制造单元、柔性生产线和计算机集成制造系统，使柔性自动化得到了迅速发展。

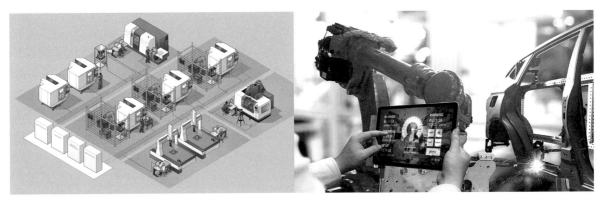

图 13-13　智慧工厂

智慧工厂是智能工业发展的新方向。智慧工厂可采集与理解外界及自身的资讯，并对此分析判断及规划自身行为；结合讯号处理、推理预测、仿真及多媒体技术，将实境扩增展示现实生活中的设计与制造过程；系统中各组承担为可依据的工作任务，自行组成最佳系统结构；通过系统自我学习的功能，在制造过程中落实资料库补充、更新及自动执行故障诊断，并具备对故障排除与维护，或通知对的系统执行的能力；人机之间具备互相协调合作关系，各自在不同层次之间相辅相成。

4. 运行灵活。有些柔性生产线的检验、装卡和维护工作可在第一班完成，第二、第三班可在无人照看下正常生产。在理想的柔性生产线中，其监控系统还能处理诸如刀具的磨损调换、物流的堵塞疏通等运行过程中不可预料的问题；

5. 产品应变能力大。刀具、夹具及物料运输装置具有可调性，且系统平面布置合理，便于增减设备，满足市场需要。

二、数字化工厂

数字化工厂以产品全生命周期的相关数据为基础，在计算机虚拟环境中，对整个生产过程进行仿真、评估和优化，并进一步扩展到整个产品生命周期的新型生产组织方式。

数字化工厂主要解决产品设计和产品制造之间的"鸿沟"，实现产品生命周期中的设计、制造、装配、物流等各个方面的功能，降低设计到生产制造之间的不确定性，在虚拟环境下将生产制造过程压缩和提前，并得以评估与检验，从而缩短产品设计到生产转化的时间，并且提高产品的可靠性与成功率。

三、智慧工厂

智慧工厂是现代工厂信息化发展的新阶段。

它是在数字化工厂的基础上，利用物联网的技术和设备监控技术加强信息管理和服务，能够即时正确地采集生产线数据，提高生产过程的可控性，减少生产线上人工的干预，以及合理的生产计划编排，清楚掌握产销流程与生产进度。加上集绿色智能的手段和智能系统等新兴技术于一体，能够构建一个高效节能的、绿色环保的、环境舒适的、人性化的智慧工厂（图 13-13）。

13.3 从设计看工装

工装本身是制造阶段的产物，然而我们一再强调设计师应该有通观全局的能力，从画草图的第一根线条开始就要有能力对自己作品的前世今生有一个宏观的把控。认识生产制造，认识制造过程中的工装，对设计工作有诸多益处。那么我们来看看设计和工装之间的关系，它们表现在以下几个方面。

○ 13.3.1 工装和生产成本

站在生产的角度，好的工装肯定会带来好的产品，会提升产品品质，提高生产效率，降低生产成本。

然而，反过来看，工装本身也是一种资金和工时投入，工装越精密成本也越高，投入了工装同样也会提高生产成本，过多的工艺工装不仅给生产和装配带来麻烦，而且给物流、管理等各方面带来不便。此外，工装本身在使用的过程中也需要随时检测，不合格的工装会带来不合格的产品，因此检测和维护工装本身也是一种资源和工时的耗费。

所以从设计的角度来看，生产不要过分依赖工装，设计能解决的问题不要交给生产过程去解决。

○ 13.3.2 产量、工艺和工装

一般而言，专用工艺装备的数量与企业的生产类型、产品结构以及产品在使用过程中要求的可靠性等因素有关。在大批大量生产中要求多用专用工装，而单件小批生产则不宜多采用；产品结构越复杂、技术要求越高，基于加工质量的考虑，也应多采用专用工装；产品和工装的系列化、标准化和通用化程度较高的工厂，专用工装的数量就可以适当减少。

此外，在不同的生产阶段对工装数量的要求也不同，即使是在大批大量生产中，样品试制阶段也只对较复杂的零件设计和制造关键工装；而到了正式生产阶段则应根据设计和制造工艺的要求全部工装，包括保证质量、提高效率、安全生产以及减轻劳动强度等。

具体的专用工装的数量可在工艺方案制订时，根据各行业生产和产品的特点、企业的实际情况，参考经验数据，采用专用工装系数来计算确定。

在产品研发的过程中，让设计师和决策者感到最为困惑的是产品的产量应该怎么确定。如果产量设定得过高，超出了销售数量，也就是滞销，那么会带来库存，也就是带来浪费。而倘若产量设定得过低，根据成本核算达不到投资模具的需求，只能用简易模具或其他方式去生产，那么可能会造成产品的质量不稳定，或者说达不到标准模具生产的质量。

从这个角度讲，产品设计的时候就应当确定所实施的工艺，才能够进行成本核算，产品的出厂价格才会更准确，反过来准确的成本控制才更接近预期的销量。整个过程是息息相关，环环相扣的。

再次强调了设计师前期工作和最终效益之间的关系，其中生产工艺的确定是非常重要的一环。作为设计师一定要把握每种生产工艺大致的成本，比如在相同产量和类似产品的前提下，吸塑的成本要低于吹塑，吹塑的成本又要低于注塑。

此外，一些产品从产量的角度去考虑，如果生产企业的生产效率非常高，而设定的产量比较低，那么企业也是不愿意去生产的，因为管理成本太高。比如一个 2~3 cm 左右的薄片冲压件，其核算成本只有几分钱，倘若设定数量为 10000 个，那么总价值不超过 1000 元。这种尺寸的冲模一分钟能生产几十个，计算下来该冲床的开工时间不足半个班就完成生产（一个班等于 8 个小时）。而冲压模具自安装到冲床上，进行调试，生产完毕最后需要清洗保养，这一系列动作已经接近或超过一个班的时间，因此核算下来成本是不合适的。

要解决这个问题，可以参考下一章节的"成组技术"和"模块化设计"。

○ 13.3.3 测量和工装

在检测的事例中，也能看到工装的应用。

比如，一个养殖场要包装一批鸡蛋，首先要对鸡蛋进行分类，不光要看色泽、重量，还要看几何形态。那么他们就设计了一个工具。这个工具就是一系列板子，每个板子上面开了两个孔，一个孔要小一些，一个孔要大一些。使用的时候，一个鸡蛋能够穿过大的那个孔却不能穿过小的那个孔，那么就可以把它归类到某个级别。这个开孔的工装完全避免了普通的测量工具的繁琐和易出错，把复杂的测量读数变成了简单的通过性检测，同时大幅提高了效率（图 13-14）。

图 13-14 快速检具
好的检具能让简单重复的劳动变得更加轻松，同时降低出错率。检具也是设计师创新设计的一个出发点，好的检具充满了智慧与对生活的感悟。

测量是按照某种规律，用数据来描述观察到的现象，即对事物做出量化描述。测量是对非量化实物的量化过程。在机械工程中，测量指将被测量与具有计量单位的标准量在数值上进行比较，从而确定二者比值的实验认识过程。

通常来讲，产品设计过程中的测量行为发生在产品设计的六个不同的阶段。

一是在产品概念设计的早期，即创意阶段进行的测量通常是针对参考样品、参考模型等进行的测量，主要是获取模型的形态、空间关系、机械机构的几何尺寸、模型的外形尺寸、装配尺寸等信息，用以计算和校验人机工程关系、运动关系、空间尺寸等，并且为下一步的工程设计提供技术支持。这个阶段的测量对设计师来讲，是一个消化吸收他人设计思想的过程，对决策者来讲是一个重要的决策依据。

二是在产品概念设计中期，即概念视觉化阶段进行的测量，通常是在制作模型的过程中，对模型尺寸的测量，包括设计尺寸的读取、划线、求对称等测量。

三是在产品概念设计后期进行的测量，主要是针对设计冻结的模型、功能模型的技术测量，即所谓的反求工程的开始阶段。反求工程对模型的测量对象主要是产品的形态，对于曲面可以采用三坐标测量仪捕捉造型特征的关键点的坐标值来进行测量，并人工处理曲线、曲面信息。而对复杂产品而言，由于存在大量的曲面、复杂的空间关系，若采用普通测量方式测量并按照常规方式绘制工程图纸已经不能满足需求，通常是采用 3D 扫描的方式进行测量，并输入到计算机中进行数据处理和建模（图 13-15）。

四是零件试制过程中的测量，即针对试制零部件的尺寸偏差和表面粗糙度进行测量，并求得各形位公差值，比对设计图纸以验证样品、样件的设计合理性，以及样品、样件的试制是否合格（图 13-16）。

五是产品整机试制的过程中的测量，即针对产品的外形尺寸、功能尺寸、装配尺寸等进行测量，比对原型模型，验证生产试制整个过程是否合格（图 13-17）。

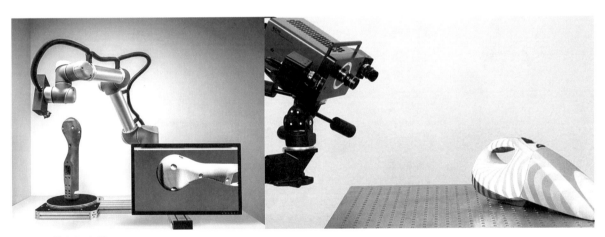

图 13-15 激光 3D 扫描
激光 3D 扫描是一种间接测量，主要用于表面数据的采集，形成创建物体几何表面的点云数据。这些数据可以是几何形体，也可以带有色彩信息，点云最终可以转换为更精细的矢量面型数据而进行编辑。

图 13-16 螺纹通止规
螺纹通止规用于检测精度要求较高的螺纹制品，一般有一个"通"端有一个"止"端。能旋合进通端而不能完全旋合进止端则说明螺纹加工精度符合设计要求。

图 13-17 专用检具
图中平台上复杂的检具是 Audi A3 车型的车身覆盖件检测用的专用检具，用于三坐标检测平台上工件的定位、夹持。

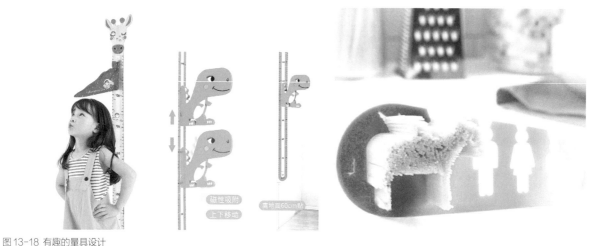

图 13-18 有趣的量具设计
工业生产中用到的量具和检具是非常专业和高精度的，就其本质来讲用到的是一种高效和便捷的检测方法。利用这个原理可以设计出一些非常有趣的小产品，比如小朋友用的身高标贴以及煮食面条的非常形象的分量量具。

六是产品上市后的测量，即针对产品的外形尺寸、规格尺寸等进行测量，以确定出厂的产品是否合格，通常采用抽检的方式。

设计过程中的测量范围较广，方法较为复杂，并且作为设计后续工程化的铺垫，显得非常重要（图 13-18）。

○ 13.3.4 结构设计和工装

在设计过程中，可以刻意设计一些有益于生产装配的结构特征，对于零部件的生产来说，会有一定的积极意义。

比如在电路板和电器壳体的装配过程中，由于电路板和壳体之间往往有多个紧固螺钉，完全依靠手工去定位电路板，使之完全符合全部螺孔的位置是不现实的，专门设计工装去完成电路板的安装也是不现实的，最好的解决办法是设计定位结构特征（图 13-19）。

在设计的过程中，我们可以在电器的壳体上设计一些定位销，电路板在装配的过程中可以非常容易地在定位销的指引下达到装配状态，装配工人只需要单手便可完成电路板的定位和螺钉紧固的工作。

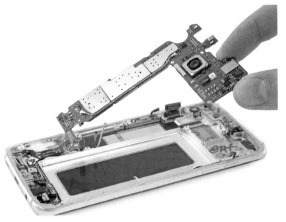

图13-19 产品设计提供装配结构
产品的外形和细节结构设计影响到了产品的装配过程，通常好的结构工程师会从装配角度去设计产品结构的细节。

根据以上分析，我们引入一个概念，叫作可制造性设计。

可制造性设计（DFM）概念的重要性体现在设计是整个产品寿命的第一站。从效益学的观点上来说，问题越早发现就能够越早解决，其成本效益也就越高，问题对企业造成的损失也就越低。曾有人做出这样的核算，在电子产品相关的生产、管理阶段上的若干工序或流程，其后工序或流程的解决成本费用为前一道工序或流程的10倍以上。此外，对于设计阶段造成的问题，即使企业拥有最好的设备和工艺手段，也未必能够很完善地解决。基于以上的原因，如何把设计工作做好是门很重要的管理类学问。所谓把设计做好，这里指的是包括产品功能、性能、可制造性和质量等各个方面。

以电子产品为例，由于电子技术的快速发展，电路板组装密度越来越高，电子产品亦向微型化、多功能方向发展，这就导致制造对设计的依赖越来越强。不论企业从事的是什么样产品的生产，不论设计师面对的顾客是内部或是外部，对设计师和工程师的要求都是一致的。这些要求是：优良或至少满意的品质、相对较低的成本和及时的交货期。设计师和工程师的职责已不是单纯地把产品的功能和性能设计出来那么简单，而是必须对以上所提到的三方面负责，并做出贡献。

企业运作当中，没有人不谈"品质管理"的，实际上品质不是制造出来的，而应该是设计出来的。好的品质是通过良好的设计配合先进的工艺和生产能力，以及管理能力而获得的。

○ 13.3.5 工具设计

我们知道，工装就是专用的工具。然而有些工具其通用程度并不太高，比如专门压制网线水晶头的双绞线网线钳，只能针对网线；再如开口为8 mm的呆扳手，只能针对8 mm的螺钉、螺母进行操作。因此越是专业的生产，其工具越是接近工装。

从工业设计的角度来讲，工具设计也是工业设计的一个分类，并且设计师懂生产、懂操作，知道人机工程，那么工具设计也会有很好的发展空间。

13.4 练习与实践

工业化生产和传统手工业生产是息息相关的，并且常常是手工业传统较好的国家和地区，其工业生产的水准也越高。

历史上我国的手工业生产一直跃居世界前列，在经济高速发展的今天，我们一定要审视从前，从设计师的视角给传统手工业以有力的辅助。因此工具和工装的设计便是很好的一种方式（图13-20）。

具体的实践内容可参考如下几点：

1. 参观工业生产线，了解工业生产过程；

2. 检索、观察传统的手工艺，例如竹编、制陶等，记录其所用到的工具，通过分析其生产流程，找到可以改进的工具或简易装置，并对其进行改良设计。

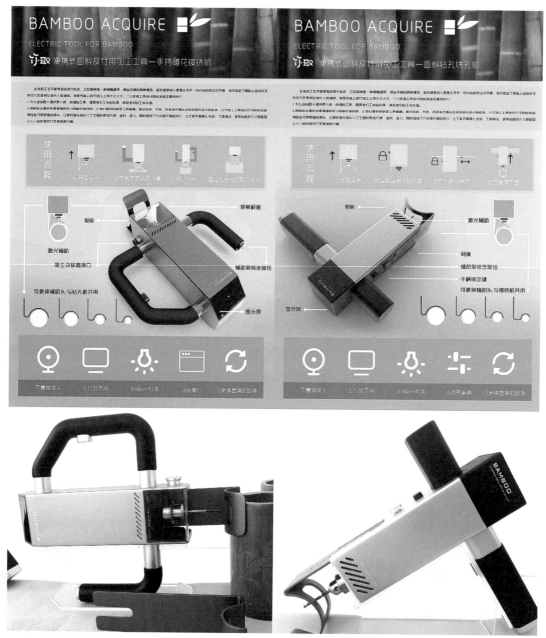

图13-20 工具设计案例：某专用工具设计

图为四川美术学院罗子梁设计作品"便携式圆料及竹加工工具"。

这是主要针对圆料和竹材的外表面进行加工的手持专用工具，其目的性在于解决圆料表面加工困难的问题，比如钻孔的时候容易打滑甚至带来危险，而对于圆料外表面的铣削加工更是需要专业而精巧的工具去实现，否则只能回归到手工作业。

第 14 章
标准化和成组技术

标准化的雏形最早出现在中国古代。在秦始皇征战六国的过程中，通过历次大大小小的战役，收缴的战利品中就包括了大量的武器装备。然而在使用的过程中发现，收缴的各种弓和箭和自己军队的弓和箭并不通用，各国的武器也是千差万别，这也对战争本身带来了很大的影响。在统一大业完成之后，秦始皇也差不多成了工程界的第一尊师，他先后组织完成了货币、文字、度量衡的统一工作，最后连箭矢等武器的统一工作也一并完成了。

工程技术方面的统一带来了标准，带来了标准化，带来了整个国家的统一和国力的强盛。

14.1 标准

"标"是投射器，"准"是靶心。标准，从语意上讲，指的是衡量事物的准则或者是复合准则，并作为标杆的事物。标准合用，具有行为和结果要相一致的内涵。

在工程技术和管理的范畴，标准是由某公认的机构制定和批准的文件，它对活动或活动的结果规定了规则、导则或特殊值，供共同和反复使用，以实现在预定领域内最佳秩序的效果。[国际标准化组织（ISO）的国家标准化管理委员会（STACO）发布]

《标准化工作指南 第1部分：标准化和相关活动的通用术语》对标准的定义是：通过标准化活动，按照规定的程序经协商一致制定，为各种活动或其结果提供规则、指南或特性，供共同使用和重复使用的一种文件。（国家标准 GB/T 20000.1—2014）

标准的制定和类型按使用范围划分有国际标准、区域标准、国家标准、专业标准、地方标准、企业标准；按内容划分有基础标准（一般包括名词术语、符号、代号、机械制图、公差与配合等）、产品标准、辅助产品标准（工具、模具、量具、夹具等）、原材料标准、方法标准（包括工艺要求、过程、要素、工艺说明等）；按成熟程度划分有法定标准、推荐标准、试行标准、标准草案。

国家标准是指由国家标准化主管机构批准发布，对全国经济、技术发展有重大意义，且在全国范围内统一的标准。国家标准是在全国范围内统一的技术要求，由国务院标准化行政主管部门编制计划，协调项目分工，组织制定、修订、审批、编号、发布。随着社会的发展，国家需要制定新的标准来满足人们生产、生活的需要，因此标准是一种动态信息。

对工程和生产来讲，我们可以从几个方面来理解标准。

标准是国家法律的强制要求。国家法律对于一些产品的性能有相关的标准，达不到此标准的即为不合格产品。国家标准有强制性标准和推荐标准两种。企业标准可以等同于国家标准，但是不能低于国家标准。一般来讲，国家标准是最基本的标准，是一个企业应当达到的最基本要求。

标准是市场的要求。一般来讲，技术力量雄厚的企业有能力走在整个行业的技术前沿，通常状况下这些前沿技术自然而然形成的标准就变成了行业标准，下游的企业必须以此为自己的标准。有一种说法叫作"三流企业卖苦力，二流企业卖产品，一流企业卖专利，超一流企业卖标准"，这句话深刻地揭示了世界范围内生产企业的游戏规则，即谁制定标准谁就是强者和赢家。

14.2 标准化

标准化是指在经济、技术、科学和管理等社会实践中，对重复性的事物和概念，通过制订、发布和实施标准达到统一，以获得最佳秩序和社会效益。公司标准化是以获得公司的最佳生产经营秩序和经济效益为目标，对公司生产经营活动范围内的重复性事物和概念，以制定和实施公司标准，以及贯彻实施相关的国家、行业、地方标准等为主要内容的过程。

标准化水平是一个国家科技与经济发展水平的反映，也是体现一个国家企业管理水平高低的重要指标。

尤其是在信息化社会，作为市场主体的企业标准化水平，直接影响到企业竞争力。尽管有人认为 21 世纪是质量世纪，是绿色世纪，是知识经济时代，但是这些远大的目标都需要以标准化作为其坚实的基础。

○ 14.2.1 标准化的基本原理

标准化的基本原理通常是指统一原理、简化原理、协调原理和最优化原理。

统一原理就是为了保证事物发展所必需的秩序和效率，对事物的形成、功能或其他特性，确定适合于一定时期和一定条件的一致规范，并使这种一致规范与被取代的对象在功能上达到等效。

简化原理就是为了经济有效地满足需要，对标准化对象的结构、型式、规格或其他性能进行筛选提炼，剔除其中多余的、低效能的、可替换的环节，精练并确定出满足全面需要所必要的高效能的环节，保持整体构成精简合理，使之功能效率最高。

协调原理就是为了使标准的整体功能达到最佳，并产生实际效果，必须通过有效的方式协调好系统内外相关因素之间的关系，确定为建立和保持相互一致，适应或平衡关系所必须具备的条件。

按照特定的目标，在一定的限制条件下，对标准系统的构成因素及其关系进行选择、设计或调整，使之达到最理想的效果，这样的标准化原理称为最优化原理。

以上标准化的原理可以应用如下：如一个工厂生产螺丝钉，是不是长度从 1 mm 到 100 mm 的螺丝钉都要生产，这是一个值得探讨的问题。如果每毫米之间分布 10 种不同规格的螺丝钉，即它们之间有 0.1 mm 的长度差，那么同一个直径的螺丝钉总共要生产 1000 种规格的产品，这还不包括 100 mm 以上长度的尺寸。细分下去，这个数量是无穷的。

通过标准化作业，可以把螺丝钉的长度做一个限制，首先舍弃高于测量精度的值，其次根据计算和经验得出最合理的几种直径和长度的搭配，把它们列成一个表，所有的螺丝钉都按照这个表去生产、销售、购买和使用。这个表就是标准，这个制定表的过程就是标准化的过程（图 14-1）。

超出这个标准范围的设计将付出高昂的代价，因为你不能通过采购的方式得到零部件，而必须去自己生产加工。

○ 14.2.2 标准化的作用

标准化主要实施在企业的整个生产、管理过程中，其作用表现在以下方面：

1. 标准化为科学管理奠定了基础。所谓科学管理，就是依据生产技术的发展规律和客观经济规律对企业

图 14-1 标准化、系列化的产品
螺栓紧固件作为机械中应用最广的标准件，有非同寻常的意义。没有人设计产品从最基本的螺栓着手，依据相关技术标准，我们可以根据需要选用不同规格的系列螺栓。

进行管理，而各种科学管理制度和体系的形成，都是以标准化的基本原理为基础的。

2. 标准化的制度、过程、体系等方面的应用促进了经济的全面发展，提高了经济效益。标准化应用于科学研究，可以避免在研究上的重复劳动（所谓站在巨人肩膀上）；应用于产品设计，可以缩短设计周期；应用于生产，可使生产在科学的和有秩序的基础上进行；应用于管理，可促进统一、协调、高效率等。

3. 标准化是科研、生产、使用三者之间的桥梁。一项科研成果，一旦纳入相应标准，就能迅速得到推广和应用，原因就在于标准化是整个科研系统达成的共识。

4. 标准化是组织现代化生产的前提条件。随着科学技术的发展，生产的社会化程度越来越高，生产规模越来越大，技术越来越复杂，分工越来越细，生产协作越来越广泛，这就必须通过制定和使用标准，来保证各生产部门的活动在技术上保持高度的统一和协调，使生产正常进行。

5. 标准的应用是整个人类智慧的结晶，从整个人类环境来看，标准化促进对自然资源的合理利用，保持生态平衡，维护人类社会当前和长远的利益。

6. 通过筛选和使用不同技术层面的标准，以及对标准零部件的采购，可以合理发展产品品种，提高企业应变能力，以更好地满足社会需求。

7. 标准化的生产以及标准化的管理可以保证产品质量，维护消费者利益。

8. 标准化的流程和标准化的工作接口，可以在社会生产各组成部分之间进行协调，确立共同遵循的准则，建立稳定的秩序。

9. 标准化在消除贸易障碍，促进国际技术交流和贸易发展，提高产品在国际市场上的竞争能力方面具有重要作用。

10. 保障身体健康和生命安全。大量的环保标准、卫生标准和安全标准制定发布后，用法律形式强制执行，对保障人民的身体健康和生命财产安全具有重大意义。

随着全球经济一体化的发展，中国企业与其他国家企业的竞争达到了白热化。然而我国企业的优势在减弱，劣势在凸显，比如东南亚的劳动力和原材料比我们还便宜，而我们的管理水平却低于发达国家。

企业的生命在于质量，质量的保证在于科学管理，科学管理的一个重要内容和方法就是标准化。标准化是人类智慧的结晶和经验的总结，是更经济、更规范、更合乎事物规律的、不断优化的管理技术和营运方法。如果说质量是企业的生命，那么标准化就是企业的灵魂。世界上成功的企业，无一例外地是标准化应用的典范，在标准化的指导和要求下，生产的每一个动作、姿势、流程、制作过程等统统都细节化、量化，小到一颗螺丝钉，大到整个集装箱都全部按标准操作，那么这家工厂做出来的东西就非常优良了。

然而很多企业和企业之间在产品、技术、成本、设备、工艺等方面的同质化越来越严重，差异性越来越小，质量难以提高和稳定。因此，企业为了提高竞争力，就必须放弃粗放经营，进行精细化、标准化管理。

○ 14.2.3 产品设计和标准化

对于产品设计，标准化究竟是枷锁还是霓裳，我们又回归到这个曾经探讨过的话题。

标准化对于设计来讲，尤其对于工业设计来讲，其呈现的两面性尤其明显。一方面标准化可以缩短设计和工程化的时间，简化设计，降低成本，提高可靠性，在设计过程中一些工作只需要检索资料就可以完成；另一方面，引进标准化就会带来设计的限制条件，有时候很难绕过这些条件去自由发挥，并且很多时候非标准化带来的成本提高会使得该设计提案完全被否决。

从一定程度上讲，标准化的实施让设计师和工程师似乎是站在巨人的肩头。前人已经做了太多的工作，剩下的事就是去选择、组合和校验。在一些产品中，尤其是机械产品中，完全的设计是不存在的，许多工作是选型、匹配，只有特异性的零件需要全新设计，比如机架、外壳等。

每颗螺丝钉、每个轴承的设计图都已经放在那里，不用我们再去设计。从这个意义上说，标准化程度越高，工业水平越高。

总的来说，标准化给设计带来的益处要高于带来的弊端。

○ 14.2.4 标准化与产品认证

产品认证是由可以充分信任的第三方证实某一产品或服务符合特定标准或其他技术规范的活动。产品认证分为强制认证和自愿认证两种。

国际标准化组织对产品认证的定义是：由第三方通过检验评定企业的质量管理体系和样品型式试验来确认企业的产品、过程或服务是否符合特定要求，是否具备持续稳定生产符合标准要求产品的能力，并给予书面证明的程序。

世界大多数国家和地区设立了自己的产品认证机构，并使用不同的认证标志来标明认证产品对相关标准的符合程度，如 UL 美国保险商实验所安全试验和鉴定认证、CE 欧盟安全认证、VDE 德国电气工程师协会认证、中国 CCC 强制性产品认证和 CCTP 标志等。

3C 认证：

3C 认证的全称为"中国强制性产品认证"，英文名称 China Compulsory Certification，英文缩写 CCC。3C 认证是中国政府为保护消费者人身安全和国家安全、加强产品质量管理、依照法律法规实施的一种产品合格评定制度。凡列入强制性产品认证目录内的产品，必须经国家指定的认证机构认证合格，取得相关证书并施加认证标志后，方能出厂、进口、销售和在经营服务场所使用。

UL 认证：

UL 是美国保险商试验所（Underwriters Laboratories Inc.）的简写。UL 安全试验所是美国最有权威的，也是世界上从事安全试验和鉴定的较大的民间机构。UL 认证在美国属于非强制性认证，主要是产品安全性能方面的检测和认证，其认证范围不包含产品的 EMC（电磁兼容）特性。UL 主要从事产品的安全认证和经营安全证明业务，其最终目的是为市场得到具有相当安全水准的商品，为保证人身健康和财产安全作出贡献。

UL 标志通常标识在产品和（或）产品包装上，用以表示该产品已经通过 UL 认证，符合安全标准要求。

CE 认证：

CE 是 Conformite Europeenne 的简写，CE 认证就是针对欧盟市场的产品指导法令、标准的检测认证。CE 认证强调的是安全，只限于产品不危及人类、动物和货品的安全方面的基本安全要求，因而不是一般质量要求，CE 标志是安全合格标志而非质量合格标志。

在欧盟市场"CE"标志属强制性认证标志，不论是欧盟内部企业生产的产品，还是其他国家生产的产品，要想在欧盟市场上自由流通就必须加贴"CE"标志，以表明产品符合欧盟《技术协调与标准化新方法》指令的基本要求。

如果一个企业的产品通过了认证机构的产品认证，就可获得认证机构颁发的认证证书，并允许在已认证的产品上加贴认证标志。这种被国际上公认的、有效的认证方式，可使企业或组织经过产品认证树立起良好的信誉和品牌形象，同时让顾客和消费者也通过认证标志来识别商品的质量好坏和安全与否。

认证手段和认证过程都是一种标准化的体现。

14.3 成组技术与模块化设计

○ 14.3.1 成组技术

在产品多样化、时尚化发展的今天，市场的需求使得产品品种更加多样而每种产品生产的数量减少，像过去那种一款桑塔纳汽车能卖二三十年的情形已经不复存在了。工厂中分批式生产的产品占有率越来越高，预计未来占全部产品的 75% 左右。

基于以上原因，传统意义上的加工部门生产效率变得非常的低，生产组织等一系列管理成本会大大增加。为了缩短非加工时间，整合设计和制造阶段的加工工艺流程就显得十分必要。成组技术便是这样一种生产技术，它解决了如何识别和发掘生产活动中有关事务的相似性，提炼、强化这种相似性并加以充分利用，而不至于让各种事物零散化、琐碎化。

在产品制造过程中，成组技术将不同品种产品的众多零件按照相似性进行分类，形成为数不多的零件群，把零件群形成的批量生产力替代单个产品中该零件的少量生产力，以节省人力物力（例如我们讲到的冲压模具的产能和成本的问题）。成组技术使得小批量生产能够获得接近大批量生产的经济效果，弥补了多品种和小批量生产在经济效益方面的不足。

成组技术 GT（Group Technology）是一门生产技术科学，它研究如何识别和发掘生产活动中有关事务的相似性，并对其进行充分利用。成组技术的核心是成组工艺，应用于机械加工方面，是把材料、结构和工艺相近似的零件组成一个零件族（组），按零件族的制定工艺进行加工，从而扩大批量、减少品种，并且便于采用高效方法，提高劳动生产率。零件的相似性是广义的，主要在几何形状、尺寸、功能要素、精度、材料等方面为基本相似性。以基本相似性为基础，在制造、装配等生产、经营、管理等方面所导出的相似性，称为二次相似性或派生相似性。这样，成组技术就巧妙地把品种多转化为"少"，把生产量小转化为"大"，由于主要矛盾有条件地转化，这就为提高多品种、小批量生产的经济效益提供了一种有效的方法。

○ 14.3.2 成组技术的特点

一、成组技术带来产品设计的优势

从产品设计的角度，成组技术主要的优点是它能够使产品设计者避免重复的工作。换句话说，由于成组技术设计的易保存和易调用性使得它消除了重复设计同一个产品（零部件）的可能性。

二、成组技术使得工装夹具、刃具的标准化

成组技术促进了设计特征的标准化，这样使得加工设备和工件夹具标准化程度大大提高。有相关性的工件分为一族，这使为每一族设计的夹具可以被该族中的每一个工件使用。这样通过减少夹具的数量从而减少了夹具的花费。显然，一个夹具为整个族的零件只制造一次，而不是为每一个工件制造一个夹具。

三、成组技术提高了物流效率

当工厂的布局是基于成组原理时，生产区域被分为各个单元，每个单元由一组用于生产同一族零件的各种机床组成，这时物料的运输是很有效的，因为这种情况下零件在机床间的移动路径最短，这与以工艺划分来布局的传统意义上的加工路线形成对比。

四、分批式生产提高了经济效益

应用成组技术可以应用在大范围的各种非标准工件的生产上，降低生产成本，生产的工件可以获得只有在大批量生产才能够获得的很高的经济利益。

五、加工过程和非加工过程时间的减少

由于夹具和材料等非加工时间的减少，使得加工过程和非加工时间相应地减少。换句话说，由于材料传递在每一个单元内有效地进行，工件在加工部门间有效地传送。这与典型的以工艺布局的工厂形成对比，加工时间大大缩短。这样，以成组技术原理设计的工厂的生产非加工时间相比以工艺布局的工厂要短得多。

六、能够建立强大的技术资料库，共享合理的加工方案

成组技术是趋于自动化的加工方法，加工工艺可通过合理的工件分类和编码系统来获得。在成组技术下的每一个工件，通过它的编码可以很容易地从计算机资料库中调出有关该工件的详细加工方案（图14-2）。

图 14-2 成组技术与柔性生产线
特斯拉汽车的各个型号的产品共享一条生产线。柔性生产线依赖于强有力的产品开发方法学，它使多功能的设计团队能够并行地设计整个产品族和柔性制造工艺。必须围绕通用零件、多功能模块、标准化接口、通用夹具几何尺寸和标准工艺来设计产品。

○ 14.3.3 模块化设计

从生产实践中我们知道，平均来看，产品中 20% 左右的零件是标准件，70% 左右的零件是相似件，只有 10% 的零件是专用件。降低专用件的数量，可以有效降低生产成本，以小批量的产能来获得大批量的效益。因此，为了开发出具有多种功能的不同产品，不必对每种产品都全新设计，而是以模块设计的形式来实现。

模块是指一组具有同一功能和结合要素，但其性能、规格、结构等不同，能够互换的结构单元（图 14-3）。模块有三个基本特征：

1. 相对独立性。可以对模块单独进行设计、制造、调试、修改和存储，这便于由不同的专业化企业分别进行生产。

2. 互换性。模块接口部位的结构、尺寸和参数标准化，容易实现模块间的互换，从而使模块满足更大数量的不同产品的需要；

3. 通用性。有利于实现横系列、纵系列产品间模块的通用，实现跨系列产品间模块的通用。

图 14-3 Lego "乐高"
乐高是一种积木玩具，然而其本质上应用的是模块化的思维。每当讲到模块化时，我们总是提出乐高的例子，"你能用乐高建造什么？"答案当然是"任何你想建造的东西！"因为有大量不同类型的砖块和一套简单、精确的连接结构，因此我们可以迅速地将砖块连接在一起进行创作。

模块化思想有如下几点解读：

1.模块和模块之间的不同组合，可以实现不同产品的功能，以解决产品品种、规格和设计制造周期、成本之间的矛盾。所谓的模块化设计，简单地说就是将产品的某些要素组合在一起，构成一个具有特定功能的子系统，将这个子系统作为通用性的模块与其他产品要素进行多种组合，构成新的系统，产生多种不同功能或相同功能、不同性能的系列产品。因此模块化设计会简化整个产品的研发周期，提升盈利空间。每个产品结构都应该将下面两个要素进行标准化设计，即一套模块化的组件和将这些组件衔接起来的连接系统。没有标准化，任何企业都不能实现有效的定制。

2.从生产组织形式来看，传统的大规模生产组织形式会产生很多弊端，很多时候企业不愿意也没有能力去完成定制化的订单。而进入大规模定制的时代，要求将产品模块化，从而为任何客户提供特定的模块组合或是单个模块。模块化是大规模定制的产品开发中的关键。

3.不仅如此，通过紧密联系的各个加工工艺也够被分解并实行模块化，这样特定的工艺模块就可以动态地与其他工艺模块相联，并在最大程度上满足单个客户要求。由此产生了在人和加工工艺之间松散联系的动态网络，它使产品和服务的大规模定制成为可能。

4.模块化设计是绿色设计方法之一，将绿色设计思想与模块化设计方法结合起来，可以同时满足产品的功能属性和环境属性，一方面可以缩短产品研发与制造周期，增加产品系列，提高产品质量，快速应对市场变化；另一方面，可以减少或消除对环境的不利影响，方便重用、升级、维修和产品废弃后的拆卸、回收和处理。

成组技术和模块化设计与产品标准化设计、系列化设计密切相关，即所谓的"三化"。"三化"互相影响，互相制约，通常用来作为评定产品质量优劣的重要指标，也是现代化设计的重要原则之一。

○ 14.3.4 开放扩展设计能

前面已经提到，工业设计的知识接口错综复杂，从设计到最终实现一个产品前后需要很多人的参与。"开放"作为提升设计能的一种重要手段，无论是对一个企业，还是对设计师这个群体，其体现出的作用是非常明显的。对现实的设计团体来讲，"闭门造车"的时代已经过去，有效的沟通和一定程度的开放才能带来最终的成功。

那么，"开放"究竟指的是什么？"开放"指的是标准的开放，也就是设计标准、技术标准的统一和公开。

从家用电脑产品和信息终端产品来看，模块化的应用非常广泛。

从以前的电脑产品来看，一个主机厂的生产范围包揽了从中央处理器到显示器，从机箱到鼠标的所有模块的设计和生产。一个主机厂的产品有可能完全和其他主机厂的产品没有任何关联，彼此之间不能够互相替换，更不用说交换数据和设计成果了。

电脑应用的科研性质强烈要求产品和产品之间能够相互识别、交互、扩充、扩展，因此把"兼容性"提到了一个非常普遍的技术要求上来，以至于在个人电脑早期的产品中就出现了三大阵营，一个就是IBM PC机，另一个是和IBM PC机兼容的个人电脑，第三个阵营就是苹果机（苹果电脑作为一个独立的标准，至今仍独立于8088核心指令以外）。在这里，第二个阵营有强烈的欲望，那就是需要获得第一阵营（IBM）的所有技术接口标准，以使得自己的产品能够和IBM的产品兼容；而IBM也在上游的核心技术提供商（比如CPU制造商）的压力下，被迫公布相关技术标准。这就是全球范围内产品模块化设计的雏形。

个人电脑发展到今天，许许多多的主机生产厂家非常积极地公布技术标准和相关的接口资料。这样做有几个目的：一是能够让一些下游厂商为其设计周边兼容设备，比如鼠标、游戏手柄，这样一来主机生产厂家可以腾出人力物力去进行高端的产品设计和技术研发，而不是事无巨细都要去投入资金，市场这块大蛋糕总要去抢最肥厚的那块；二是公布了技术标准和相关接口资料其实就是公布了一种行业标准，要进入这个行业，必须和此标准兼容，否则就没可能，这种情况下主机生产厂家牢牢控制了主动权，主宰了技术力量薄弱的配件生产厂家的生杀大权；第三就是产品的模块化已经形成了一种时尚模块，拥有和某名牌配套的周边产品甚至是一种荣耀，从这个角度来说，公布技术标准简直就是一种非常廉价的垄断方式，企业没有理由不这样做。

不认同大公司推出的模块化核心的厂商只有两条路可走，要么就是彻底退出市场，要么就是独辟蹊径。而一般的厂商要独创一套模块化的核心几乎是不可能的，这要冒非常大的风险，要有雄厚的市场基础和文化基础作为铺垫，否则是死路一条。在历史上就有这样的例子，在电子游戏机行业，最早出现的是 8 位红白机和任天堂，由于性价比和其他的一些原因，市场选择了任天堂。任天堂自然就成了行业标准，所有的游戏周边配件和软硬件接口都必须与之相容。在这个过程中，无数的厂商都想脱离此标准构建一个新的技术平台，都想做这一行业的霸主，然而市场都无情地将之抛弃。

当然，对于游戏机的成功而言，文化要占很大的因素，游戏玩家对游戏机的认可是建立在游戏本身的基础上的。例如，你要把当初的《魂斗罗》移植在其他的游戏机上，纵然性能可能有一些提高，然而玩家不一定认可，这就是文化的因素。

然而历史也会出现转折，游戏行业发展到今天，出现了两巨头——索尼和微软。索尼和微软以其雄厚的资金、强大的研发实力、稳固的文化基石和强有力的市场营销，把传统的游戏行业厂商压得喘不过气来，甚至完全退出市场。索尼的 Play Station 产品系列和微软的 X box 系列完全就是两种模块化的路线，以一种号令天下的态势，达到了"顺我者昌，逆我者亡"的境界。各软硬件厂商更是趋之若鹜，没有谁去命令，也没有谁去强迫，一切的一切就是为了和这两大巨头兼容。

从以上可以看出，模块化设计以及模块化设计中隐含的技术标准，在产品开发和企业技术创新中的作用巨大。从市场的角度看，技术标准的竞争完全可以说是一场不见刀光的战争。

○ 14.3.5 模块化设计的核心

模块化设计的核心就在于技术标准的确立和公开。

我们知道 USB 的具体技术标准和详细的技术参数，从几何尺寸到电气性能，我们都能够通过检索的方式得到。USB 作为一种技术平台和产品的扩展空间，就是一种模块化的技术标准。

简单的技术标准那是很早就存在了的。千变万化的七巧板，用简单的几个几何块就可以完成复杂形体的构成，几乎人人都可以轻松上手。七巧板的游戏规则就是各个模块之间的贴合方式，这里我们就可以抽象为技术标准。有了这个技术标准，三岁的孩童都可以开始七巧板的形体构成。

○ 14.3.6 像孩童一样去思考

积木和魔方的魅力就在于它们能够以非常有限的资源提供给玩家以非常丰富的想象和美好体验，看似简单的玩具蕴含了无穷的智慧。

在我们从事设计的过程中，往往我们会被一些说教定式所束缚，像公式一样去演绎，甚至忘却了孩童般玩乐的快乐和孩童时代的思考方式。工程设计就类似于演绎公式，若要跳出这个框框，还真得转换一下思考方式。设计过程中多一些从容不迫，也让生产的人、组装的人和使用的人不要像是在打仗一样那么紧张、精确。模块化的设计就应当达到这样一个效果，一切都在不经意间，一切都在吹着口哨时就把工作完成了。

从上段话我们至少可以看到以下几点意义：

一方面，工业化大生产的意义就在于能够给广大的用户提供非常廉价的工业制品。一项看似非常复杂的工业产品通过合理的组织和生产就可以以非常低廉的价格提供给千家万户，这是工业了不起的一项成就。汽车就是工业化大生产的一个例子，以往的奢侈品现在已经完全成了一种出行代步的工具。古时的王侯将相未必在日常起居方面有现在寻常人家那么好，那么方便和干净利落。

第二方面，那就是建筑行业还远远没有实现模块化设计和生产。即使建筑的空间构架还没有机械产品这样复杂多变，也不像机械产品这样有配合和运转的需求，然而建筑的施工要耗费非常多的时间，

图 14-4 装配式的房屋构件

和现场施工不同，装配式的房屋靠的是预先成型的构件来进行组装，这些构件可以在工厂中实施标准化、批量化的作业，因此可以大大提高生产效率，提升质量，同时大大节约生产工时。装配式的思维其实很早就体现在了建筑行业中，比如 20 世纪出现过"预制板"这样的建筑构件，然而从预制板的搭建方式来看，并不能够解决建筑的抗震问题，因此已明令淘汰，而替代它的是装配式构件之间能够完美地连接成为一个整体，能够有效达到各种苛刻的力学要求的构件。

产生非常多的污染和废料，这是不争的事实。最为过分的是，买到手的房子居然不能立即使用，还要进行"装修"，又有一大堆的建筑施工材料来污染我们的环境。

第三，我们把思维再延伸一点，比如建造房屋其实可以像做工业产品一样，在工厂内大批量制造房屋的各个零部件，然后到花园里把它们组装起来，一切就像搭积木一样。搭积木的过程本身就是一种乐趣和体验，对设计师来讲，给自己和他人提供这样一个快乐的体验，何乐不为呢？所以，要改变建筑这种比较原始的施工局面，从两个角度进行创想可以得到比较有趣的思路。比如说像搭积木一样把房子拼装起来（图 14-4），住得腻味了，再把积木的哪一部分换掉，又是一个全新的房子，岂不快哉？其实，这种方式在技术的层面上可以实现，多的是文化、政治、习惯的阻碍因素在里面。另一种思路就是，让房子像打印相片一样被"打印"出来，或者是像树木一样自己按照图纸"长"出来，这个思路牵涉到增材制造技术。

对于合理的模块化设计，还必须提到的是实现产品模块之间的热插拔。热插拔是一个计算机术语，指的是计算机周边产品的使用过程当中，在计算机主机开启的情况下，可以随意地插入或者拔除该产品，而不会导致主机和该产品的损坏。

热插拔是一种智能的模块化链接方式，它有几个层面的意义：一是热插拔在操作的过程中不会损坏主机和周边产品本身，也不会影响主机产品的正常使用；二是热插拔是一种即插即用的方式，插上去后若需要对设备进行重新调整是一种费时费力的工作；三是在热插拔过程中不需要应用到其他的工具，更不能是专业工具；四是热插拔应当具有无限扩展的能力。在计算机热插拔模块当中，USB 接口标准就具有以上的各个特性。

热插拔应用到模块化的产品当中，会产生非常好的效果。还是以建房子为例，假如你对目前的房屋已经感到厌倦，那么你可以通过改造模块之间的链接形式来改造整个房屋。在移动房间的各个模块的时候，不需要把整个房屋全部拆散，而只拆掉其中的一小部分，最多拆除之前搬动一下家具；被拆除的模块可以在房屋的另外一个地方搭建起来，一个新的房间、阁楼或阳台就诞生了，或者对房间、阁楼、阳台的朝向重新进行了布局。此外，在布局房间的过程中，预算发生了变化，或是家里来了老人和出生了小孩，你就可以用模块化的无限扩充能力，尽情地在房屋周边添加房间、屋顶，甚至最终你可能把你的房屋打造成一个巨大的城堡，你可以把儿时搭积木的构思全部实现在你真正的建筑上。

通过以上设想，我们可以知道，模块化设计的魅力非常大，给人在物质和精神层面的享受也比较的丰富，同时价格还不一定昂贵。

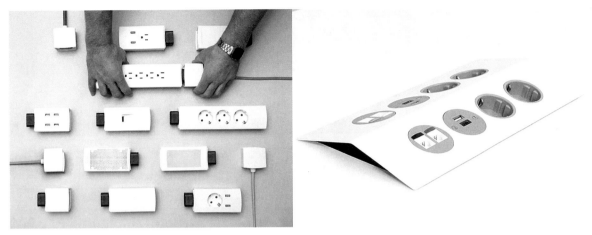

图 14-5 标准化和模块化的电器插座设计

14.4 设计案例

　　采用模块化的常见产品就是家用电器插座，随着家庭电器的增多，居住条件的改善，家庭的电器插座形成了标准化。在标准化的基础之上可以有一定灵活的配置，包括各个插座的规格型号和相对位置都可以进行调整（图14-5）。具有一定的灵活性是这种设计的重点。

　　此外，下面是以模块化思想为切入点，对传统竹加工工具进行再设计的设计案例。

○ 14.4.1 模块化竹作坊电动工具（图14-6）

　　本设计即是基于较专业的竹材加工，对手持电动工具进行了一次针对性的设计，除了满足基本功能之外，还在易用性、安全性、专业性、系列化、模块化、外观等各方面都作了全方位的设计，以满足使用要求和市场需求。传统竹家具以完整的竹材结合竹篾编织为主，通常有采伐、切断、斜切、钻孔、铣孔、修边、镂空、热弯、捆扎等工艺和工序，一般的小作坊以手工为主，同时没有专用型的工具针对竹家具工艺进行施工操作，因此加工质量不高，劳动效率难以得到提升，同时工具的安全性也不高。用电动工具来代替传统的手工操作是提升产业水平的必由之路，代替简单重复劳动，同时也有利于传统工艺的传承。

　　枪式手持模块以标准动力单元为动力源，以各种木工铣刀和常用麻花钻为刃具，以不同直径的防护罩为依托，可以沿着竹表面的轴向、径向以及圆周对竹材料进行钻孔、铣孔、铣槽、镂铣、雕花、切断等一系列操作。枪式模块使用灵活，可以附加电池包，用于野外作业；附照明灯，可以在照明不足的情况下辅助作业。

　　下压式手持模块以标准动力单元为动力源，以各种木工铣刀和常用麻花钻为刃具，以不同直径的防护罩为依托，可以沿着竹表面的轴向、径向以及圆周对竹材料进行钻孔、铣孔、铣槽、镂铣、雕花、切断等一系列操作。相对于枪式模块，下压式模块更加安全可靠，加工深度更加准确，能够完成更加精细的加工作业。

　　切断专用模块以标准动力单元为动力源，以木工圆锯片为刃具，以可调节夹具为依托，可以沿着竹表面圆周对竹材料进行切断操作，适用于整根竹材的切断、下料和局部切割。切断模块带有锯片防护罩，在夹具和防护罩的双重保护下，对操作者的安全起到了绝对的保护作用。

　　台式模块是整个系统中最为安全和多功能的模块，可以解放双手，以达到高质量的加工

图 14-6 模块化竹作坊电动工具（敖进、申梦秋）

或雕刻效果。台式模块同样以标准动力单元为动力源，以各种木工铣刀为刃具，可以对竹材料进行铣孔、铣槽、镂铣、雕花、切断、修边等一系列操作。台式模块下面有两组固定槽，可以对不同直径范围的竹材起到良好的固定和限位作用，便于安全操作。

通过简单、快捷地更换动力单元，可以实现小投入、低成本的生产，针对小型作坊有非常高的实际价值。标准动力单元可以采用市售的木工修边机和电木铣等，动力单元技术成熟并且易购、易维修保养。

○ 14.4.2 创客竹艺工作站（图 14-7、图 14-8）

传统竹加工工艺跟现代化生产相去甚远，学习一门精湛手艺的时间成本已经让年轻人难以承受。而木匠、篾匠等传统行业对手艺本身强调了又强调，反而弱化了工具、辅具、图纸等对技艺本身、匠人精神的承载和传承作用。匠人应该有能力设计制作和完善自己的工具，有能力把优秀的工具作为技艺的载体加以传承，有能力把工匠技艺的魅力通过作品和工具传播出去，让技艺和匠人精神生生不息。

匠人精神应该是一个开放的精神，是一个标准化和国际化的精神，不能固步自封。跟随时代步伐，追求创意、创新、创业，让科技促进生产力，让技术拯救传统手工艺，让竹加工成为现代艺术，让竹加工有无限的可能。好的工具能让人最大限度地发掘自己的潜能，发挥自己的灵感，实现自己的设计蓝图，创作自己满意的作品，让工具本身也成为艺术作品。竹艺无限工作站便是这样的一个设计，虽然是一个工具，其本身却是工业的艺术，是能生产作品的作品。

本设计以加工中心和工作站的概念，将13个连续或间断的竹加工工序需要用到的工具、仿形、定位和装夹等辅具有机整合在一起，在空间和形式上加以优化，完成了整体和谐、视觉统一的"工作站"。本工作站不以加工效率为重点，原则上本着手年轻人对于工艺的爱好，对于匠人精神的追求，将各个需要数年才能掌握的、效率低下的加工工序在简单的数个工位上进行简单而高效的操作即能完成加工，同时会让现代匠人深刻理解现代工业的魅力，不是纯粹的"手上功夫"。

所有的加工工位互不重合，有机融合，基本上以站姿为主进行操作，用到锉刀等手工加工可以采用坐姿。定位结构、模板和装夹结构，甚至拉竹丝、照明等结构全部有机结合在一起，很多结构共用相同的部件，使得整体造价降低；模板为透明的聚碳酸酯或有机玻璃，可以刻画标尺，可以看清定位和加工过程，业余条件下满足一般的磨损；中间具备碎屑收集孔，可以将加工过程中所有的碎屑打包收集，一改传统工坊脏乱差的感觉，让现代年轻人更乐意参与手工艺创作。

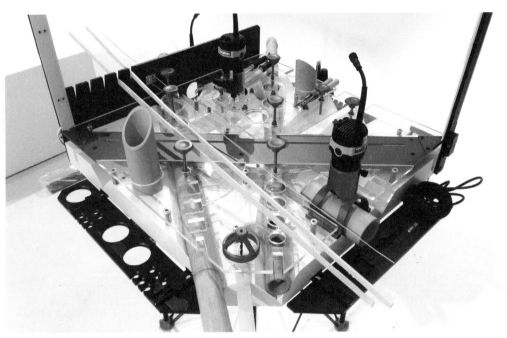

图14-7 创客竹艺工作站实物模型（敖进、胡有慧等）

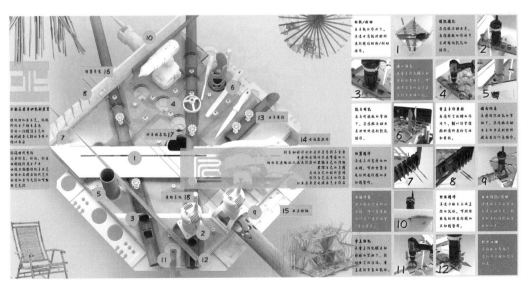

图14-8 创客竹艺工作站展板和设计说明（敖进）

创客竹艺工作站功能定义如下：1.切断/斜切；2.精铣圆孔；3.偏轴钻孔；4.铣异形孔；5.垂直手作夹持；6.端面倒角；7.竹篾精修；8.边缘修整；9.竹丝精修；10.自由镂铣/浮雕；11.垂直钻孔；12.铣开口槽；13.集尘装袋。

14.5 练习与实践

本节的理论知识大多和生产相关。就设计而言，如何处理好"三化"之间的关系是一个重点，此外，认识和应用模块化设计将给我们带来无穷的想象力。成组技术也和设计师息息相关，成组技术的存在使得设计师能够放心大胆地去设计各种时尚的产品而无须担心其产量和成本等因素。

练习与实践内容如下：

1. 认知标准化的意义，学会检索国家标准和国际标准等资料；
2. 解析两种以上的机械或电子产品，分别列举其标准化的设计元素，统计其数量，加以分析；
3. 分析工业设计和"三化"之间的关系，论述并写 800 字以上论文；
4. 尝试设计模块化产品。

参考文献
REFERENCE

1. 章梓茂，殷雅俊，范钦珊 . 材料力学 第 2 版 [M]. 北京：高等教育出版社，2005.

2. 谢传锋，王琪 . 理论力学 [M]. 北京：高等教育出版社，2009.

3. 朱慈勉，张伟平 . 结构力学（下册）第 3 版 [M]. 北京：高等教育出版社，2016.

4. 钱翼稷 . 空气动力学 [M]. 北京：北京航空航天大学出版社，2004.

5. 谷正气 . 汽车空气动力学 [M]. 北京：人民交通出版社，2005.

6. 阮宝湘 . 工业设计机械基础 第 3 版 [M]. 北京：机械工业出版社，2016.

7. 赵卫军 . 机械原理 [M]. 西安：西安交通大学出版社，2003.

8. 黄志坚 . 工程系统概论——系统论在工程技术中的应用 [M]. 北京：北京大学出版社，2010.

9. 李雄杰，翁正国 . 电子产品设计 [M]. 北京：电子工业出版社，2017.

10. 王天曦，王豫明 . 电子组装先进工艺 [M]. 北京：电子工业出版社，2013.

11. 杨克俊 . 电磁兼容原理与设计技术 [M]. 北京：人民邮电出版社，2004.

12. 黄贞益 . 现代工业概论 [M]. 上海：华东理工大学出版社，2008.

13. 李喜桥 . 创新思维与工程训练 [M]. 北京：北京航空航天大学出版社，2005.

14. 李春田 . 标准化概论 第 6 版 [M]. 北京：中国人民大学出版社，2014.

15. 许香穗，蔡建国 . 成组技术 第 2 版 [M]. 北京：机械工业出版社，2003.

16. 金国斌，朱巨澜，蔡沪建 . 包装设计师 [M]. 北京：中国轻工业出版社，2006.

17. 朴政国，周京华 . 光伏发电原理、技术及其应用 [M]. 北京：机械工业出版社，2020.

18. 黄镇江 . 燃料电池及其应用 [M]. 北京：电子工业出版社，2005.

19. 翁史烈 . 话说风能 [M]. 南宁：广西教育出版社，2013.

20. 翁史烈 . 话说生物质能 [M]. 南宁：广西教育出版社，2013.